0~6岁
宝宝辅食3000例
Baby dietary supplement

主编：邱文辉 李宁

海峡出版发行集团 福建科学技术出版社
THE STRAITS PUBLISHING & DISTRIBUTING GROUP   FUJIAN SCIENCE & TECHNOLOGY PUBLISHING HOUSE

图书在版编目（CIP）数据

0~6岁宝宝辅食3000例 / 邱文辉，李宁主编. —福州：福建科学技术出版社，2019.1
　ISBN 978-7-5335-5721-8

　Ⅰ.①0… Ⅱ.①邱… ②李… Ⅲ.①婴幼儿－食谱
Ⅳ.①TS972.162

　中国版本图书馆CIP数据核字（2018）第243068号

书　　名　0～6岁宝宝辅食3000例
主　　编　邱文辉　李宁
出版发行　福建科学技术出版社
社　　址　福州市东水路76号（邮编350001）
网　　址　www.fjstp.com
经　　销　福建新华发行（集团）有限责任公司
印　　刷　清苑县永泰印刷有限公司
开　　本　710毫米×960毫米　1/16
印　　张　14
图　　文　224码
版　　次　2019年1月第1版
印　　次　2019年1月第1次印刷
书　　号　ISBN 978-7-5335-5721-8
定　　价　39.00元

前言
PREFACE

每个宝宝都是爸爸妈妈的小天使、心头肉，

对爸爸妈妈来说，从宝宝来到这个世界的第一天开始，

他们的心就时刻与宝宝联系在了一起

——宝宝的第一声啼哭，

宝宝的第一个微笑，

宝宝第一次开口叫"妈妈"……

都带给爸爸妈妈无尽的喜悦和感动。

宝宝是爸爸妈妈心中最亮的星星、最珍贵的宝物，

不论怎样爱护宝宝，爸爸妈妈都会觉得还不够，

他们总想把世界上最好的都给自己的宝宝。

而当父母的都知道，要想宝宝健康成长，

保证其饮食的营养全面、均衡十分重要，

不过如何让宝宝吃得健康、吃得营养，

很多爸爸妈妈，尤其是新手爸妈都不是很了解，

为了解决这个问题，我们特意编撰了《0~6岁宝宝辅食3000例》一书，

希望能给爸爸妈妈提供一些帮助。

本书针对0～6岁宝宝在不同时期体格和智力的发育特点，

精选了数百道营养健康的美食制作食谱，

并为爸爸妈妈提供了科学的饮食建议和喂养指导，

这样一来，爸爸妈妈就能科学、有效地为宝宝制作健康美食了。

此外，本书还设置了一些更有针对性的篇章，

如宝宝成长最重要的营养素及相关食谱、最适合宝宝食用的明星食材及相关食谱、

宝宝常见病的调理食谱等，这些内容都能帮助爸爸妈妈更加科学地喂养宝宝。

本书图文并茂，内容科学实用，相信在本书的指导下，

爸爸妈妈一定能轻松地为宝宝制作出美味又营养的美食，

让宝宝健康茁壮成长！

目 录
DIRECTORY

第一章
关于"辅食"的那些事，你真的知道吗

第二章
6个月，宝宝的黄金第一口吃什么最好

第三章

7个月，嚼嚼菜泥果泥好出牙

第四章

8个月，学习咀嚼固体食物

第五章
9 个月，多吃磨牙食物，牙齿漂亮又坚固

第六章
10 个月，小小手自己吃，准备断奶

第七章
11 个月，颗粒食物吃出健康牙齿

第八章
12 个月，建立一日三餐饮食习惯很重要

第九章
1~3 岁，多吃粮食更聪明

第十章
3~6岁，营养全面长高高

第十一章
营养食疗，应对宝宝常见病

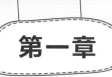

第一章

关于"辅食"的那些事，
你真的知道吗

宝宝多大可以添加辅食呢？
添加辅食的时候应注意哪些事项？
是不是所有的食物都适宜成为宝宝辅食呢？
妈妈为宝宝制作辅食的时候又要注意什么？
我们一起来了解一下吧！

辅食添加时间表，让妈妈更省心：6个月开始添加辅食

宝宝一天天长大，单纯从母乳（或配方奶粉）中获得的营养成分已经无法完全满足宝宝生长发育的需求，因此必须为宝宝添加辅食，以帮助宝宝摄取均衡充足的营养，满足其生长发育的需求。

那么，在什么时候开始给宝宝添加辅食比较好呢？这需要分两种情况来说。母乳是宝宝最好的营养，因而对于以纯母乳喂养的宝宝，6个月以前除为其补充适量的维生素D之外，一般情况下不需添加任何辅食；而混合喂养或人工喂养的宝宝在4个月后，如果有需要，就可以在医生的指导下添加一些必要的辅食了。但需要注意的是，由于每个宝宝的生长发育状况不同，个体差异明显，因此给宝宝添加辅食的时间也不能一概而论。

在喂辅食的初期，每隔3～4天就给宝宝吃一两种新食物，观察宝宝的反应。若宝宝喜欢吃，也可以改喂其他食物，或与其他食物混合起来喂。对于宝宝不喜欢吃的食物，不要勉强喂，等过1～2周后再试着喂。刚开始接触的辅食最好是米粥，其次是蔬菜泥或水果泥等食物。但蔬菜或水果的热量较少，因此宝宝所必需的营养物质仍然要从母乳或配方奶中获取。

随着时间的流逝，宝宝会逐渐开始吃其他辅食，从奶粉中获取的营养物质就逐渐减少。喂辅食时可以让宝宝坐到妈妈的膝盖上，脖子还不能挺起来的宝宝也可以坐在婴儿椅上。在喂辅食之前，要给宝宝围上围嘴，以保护宝宝的衣服。然后用长把的软汤匙盛取一点点辅食放到宝宝的嘴边。由于宝宝还不习惯用汤匙吃东西，因此刚开始吃辅食时，食物可能会从宝宝的口中流出来。

喂宝宝吃辅食时，可以让宝宝用手抓，以感觉一下食物的温度和触感。虽然会弄得乱七八糟，但对增进宝宝手眼协调能力很有好处。

选对制作工具，每个妈妈都能成大神

宝宝辅食的制作工具卫生一定要过关，因此在挑选辅食制作工具时一定要选那些容易清洗、消毒、形状简单而色浅的，下面就介绍一些制作辅食时会用到的工具。

压泥器：专门将食物压成泥的工具。

削皮刀：削胡萝卜皮、土豆皮时使用。

刨丝器：制作丝、泥类辅食的用具，一般用不锈钢擦子即可。每次使用刨丝器后都要洗净晾干，以免食物细碎的残渣残留在细缝里。

榨汁机：将蔬果打成泥，并可以榨取汁液。

过滤网：有大孔过滤网和细孔过滤网两种，分别用于过滤不同的食材。

电饭锅：煮稀饭、炖汤等，可以定时，方便实用。

量杯：能够比较准确地量取液体，以毫升为测量单位。

磅秤：能够比较精确地称出食物的重量。

砧板：处理宝宝食物时需要 3 个砧板，分别处理生食、熟食、水果等，生食要用木质砧板。

保鲜盒：可以将剩余食物装入保鲜盒冷藏保存，随时取用。

保鲜袋：可将做好的食物或高汤分袋装好，放入冰箱保存，随取随用。

食材选择与处理，让妈妈省时更省力

制作宝宝辅食，应选择新鲜、纯天然的食物，水果宜选择皮壳较容易处理、农药污染及病原感染概率低的种类，如橘子、苹果、香蕉、木瓜等。肉蛋类食物，如鸡蛋、鱼、猪肉、猪肝等要煮熟，以免引起细菌感染或过敏。肉类富含铁质和蛋白质，可以做成肉末、肉丝或肉泥等。应多选用蔬菜类食物，如胡萝卜、菠菜、空心菜等。

常用辅食食材的基本处理方法

在给宝宝添加辅食时，对各种食物的处理方式至关重要。下面是宝宝辅食的 4 种基本处理方法，妈妈们可以参考学习一下。

较软且易碎的食物：可采用压碎的方法来处理，如草莓、香蕉、熟土豆等。将食物放入碗里，用汤匙将其压碎即可。

偏硬的食物：更适合用磨碎的方法来处理，如胡萝卜、白萝卜、小黄瓜等。把擦丝板放在碗上，食物放在擦丝板上磨碎，这样磨碎的食物碎末正好落入碗里。

需研磨压碎的食物：可将食物氽烫至熟后切成小块，放入研钵里，用研棒仔细研磨，将食物压碎即可。

需先用水浸泡的食物：有些食物在调理前需先用水浸泡一下，如干海带、黑木耳、银耳等。将食物放入容器中，加水没过食物浸泡。若食物带有涩味，可在浸泡时加些盐或醋。

常用辅食食材的基本切法

根茎类蔬菜：如胡萝卜，切的方向应垂直向下。

带叶蔬菜：如圆白菜，应顺纤维方向切断。

肉类：牛羊肉应横切，刀和肉的纹理呈 90° 垂直，切好的肉片纹路呈"井"字形；猪肉应竖切，即刀顺着肉的纹理切，切好的肉片纹路呈"川"字形；鸡肉应斜切，刀和肉的纹理有个倾斜的角度即可，切好的肉片纹路呈"川"字形。

选对餐具，让宝宝爱上吃辅食

附吸盘餐具：底部附吸盘的餐具，能牢牢地固定在桌上，避免宝宝把餐具打翻。

分格餐盘：材质选塑料的，不怕宝宝摔破。可将宝宝餐点依格分装，这样菜品不会混在一起。

杯子：当宝宝学会自己喝水时，可换用单握把的可爱水杯，既能满足宝宝的好奇心，又能让宝宝养成经常喝水的好习惯。

安全汤匙、叉子：叉子尖端的圆形设计，能避免宝宝使用时刺伤自己，更能让宝宝享受愉快的用餐时光。

围嘴：避免食物滴落弄脏衣服的必备工具，建议购买经过防水处理的产品。常见款式有绑带式和松紧带式。

湿纸巾：在没有水的情况下，可用湿纸巾擦拭宝宝的手和脸。

婴儿餐椅：使用婴儿餐椅，可以帮助宝宝养成良好的进餐习惯。此外，让宝宝使用婴儿餐椅，还可以帮助宝宝锻炼手的抓握能力，并能增强宝宝的手臂力量。

辅食添加细则，你知道吗

最早宜添加含铁的营养米粉

给宝宝添加辅食一个特别重要的原因在于，宝宝从母体得到的成长发育所需的铁元素到 4 ~ 6 个月时就要消耗殆尽了，所以最先添加的应该是含强化铁元素的食物，而婴儿强化铁营养米粉就是最好的选择，而且购买也比较方便，添加的铁含量也是比较标准的。每次给宝宝添加的量要恰当，最开始时只需 1 ~ 2 勺的米粉就可以满足其营养需要。所以，推荐妈妈最先给宝宝添加含铁的营养米粉。

添加数量宜由少至多

刚开始给宝宝添加新的食物时，一天最好只喂一次，且量不要大。如给宝宝添加蛋黄时，可先喂 1/4 个，如果宝宝食后几天内没有不良反应，且两餐间无饥饿感、排便正常、睡眠安稳，则可再适量增加到半个蛋黄，以后再逐渐增至整个蛋黄。

添加速度要循序渐进

对于刚吃辅食的宝宝来说，由于其肠胃功能还未完善，所以添加辅食的速度不宜过快。不要一下子就让宝宝尝试吃各种不同的辅食，更不要立刻用辅食代替配方奶粉。总之，增加辅食应循序渐进，要让宝宝有一个逐渐适应的过程。

食物性状应由稀到稠

宝宝刚吃辅食时，一般都还没有长出牙齿，消化能力还很弱，因此只能喂流质食物，以后可逐渐添加半流质食物，直至喂宝宝吃固体食物，以免宝宝因难以适应辅食而消化不良。妈妈们可根据宝宝消化道及牙齿的发育情况逐渐过渡，从蔬菜汁、果汁、米汤，到米糊、菜泥、果泥等，再过渡到软饭、小块蔬菜、水果及肉类等食物。

添加辅食应从细到粗

给宝宝添加的食物颗粒要细小，口感要嫩滑，这样不仅能锻炼宝宝的吞咽功能，为以后过渡到吃固体食物打基础，还能让宝宝熟悉各种食物的天然味道，养成不偏食的好习惯。而且，这些食物中多含有膳食纤维，也更容易促进宝宝消化吸收。

第二章

6个月，
宝宝的黄金第一口吃什么最好

刚出生的小宝宝主要以母乳为食，

等长到 6 个月大的时候，宝宝就可以吃一些简单又有营养的辅食了。

0～1岁，从只喝母乳到开始吃辅食，宝宝的成长令人欣喜，

此时，宝爸宝妈们一定要注意辅食添加的科学性，

这样才能确保宝宝健康成长。

6 个月喂养重点：稀稀的米粉和果汁宝宝最爱

6 个月的宝宝一天的主食仍应是母乳或其他乳制品，一昼夜需给宝宝喂奶 3 ~ 4 次。对宝宝进行人工喂养时，应采用配方奶喂养，全天总量不应少于 600 毫升。另外，如果宝宝此时还只是吃母乳，则应该添加辅食了，可以从宝宝的"晚餐"逐渐开始，并慢慢增加辅食品种。

此时，宝宝辅食应是流食或半流食，且食材加工得越细小越好。一般说来，以各种泥糊类和汤汁类的食物为佳，比如水果泥、蔬菜泥、蛋黄泥、蔬果汁、米汤等。这样可以让宝宝充分吸收生长发育所需的各种营养物质，还能让宝宝循序渐进地熟悉各种食物的味道和触感，并能有效地锻炼宝宝的咀嚼和吞咽能力。

给宝宝喂食时，要用个头稍小、质地较软的勺子。头两天喂食 1 ~ 2 匙为宜，若宝宝消化、吸收得很好，再慢慢地增加一些。每添加一种新的食物，要在前一种食物食用 3 ~ 5 天、宝宝没有出现任何异常情况之后进行。另外，此时最好不要给宝宝吃盐，因为宝宝的肾脏还没发育完全，不能完全代谢，给宝宝吃盐会加重肾脏的负担。

一日食谱营养搭配举例（6 月龄）

	时间	喂养方案
上午	6：00 ~ 6：30	母乳喂养或者喂配方奶 250 毫升
	9：00 ~ 9：30	强化铁米粉
中午	12：00 ~ 12：30	土豆泥
下午	15：30 ~ 16：00	母乳喂养或者喂配方奶 200 毫升
	18：00 ~ 18：30	强化铁米粉
晚间	20：00 ~ 21：00	母乳喂养或者喂配方奶 220 毫升

* 因每个孩子的作息时间及食量不同，以上营养方案仅作为参考使用。后同。

关于宝宝吃饭的那些问题：专家答疑

Q：宝宝不吃辅食怎么办？

A：那可要注意了，辅食添加最好不要晚于6个月，因为从6个月起，光吃母乳或婴儿配方奶已不能满足宝宝生长发育的营养需求，不添加辅食会引起营养不良、贫血等问题。从宝宝现在的状况来看，他的生长发育可能已经受到影响了，应该赶紧添加辅食，多花些时间了解宝宝的口味偏好，从少到多，慢慢让宝宝适应，及时添加辅食还能促进宝宝口腔、语言的发育。宝宝吃饭是需要学习的，让宝宝和大人一起吃，培养吃的兴趣，另外需要家人的配合，减少宝宝对妈妈的依恋。

Q：果汁或饮料可以代替白开水吗？

A：许多家长认为白开水没有味道，喜欢用果汁或是饮料来代替白开水喂给宝宝喝。尽管果汁和有些饮料营养丰富，但并不是都对宝宝有利。研究表明，新鲜的果汁如果不稀释就喂给宝宝，宝宝长大后患胃溃疡的概率会大大增加。如果宝宝长期饮用甜味果汁或饮料，还会影响食欲。尤其是添加香精、色素的饮料，更会给宝宝的健康带来危害。所以，建议6个月以下的宝宝最好不要喝果汁和饮料，1周岁以上的宝宝也要限量饮用，更不能用果汁或饮料来代替白开水给宝宝饮用。

Q：辅食里有点咸味更好吗？

A：刚开始添加辅食的时候，有的妈妈担心辅食的味道太淡，宝宝不爱吃，所以会在辅食中加些盐、鸡精之类的调味品调味，这种做法是不科学的。因为宝宝刚出生不久，肾脏功能并不完善，如果宝宝食入过多的调味品，则会增加肾脏负担，引发肾脏病症，从而导致生长发育缓慢。在诸多调味品中，盐对肾脏的影响是最大的。因此，父母在给宝宝喂辅食的时候，最好不要往辅食里面加调味品。

Q：6个月的宝宝能吃蜂蜜吗？

A：宝宝在1岁以内最好不要吃蜂蜜。这是因为有些蜂蜜中可能含有肉毒杆菌，这对于成年人来说无大碍，但对于免疫系统尚未发育完善的婴儿来说，可能会导致中毒，甚至造成严重的后果。另外，蜂蜜含糖高，味道甜，对处在口味形成关键时期的婴儿来说，食物中添加蜂蜜容易养成嗜甜的饮食习惯，不利于将来的健康。所以1岁以内的宝宝辅食中不要添加蜂蜜，饮食以清淡为好。

Q：豆奶和豆浆是否可以代替配方奶粉？

A：豆奶或豆浆都是以豆类为主要原料制成的，其中含有丰富的蛋白质、维生素以及较多的矿物质，是大众喜爱的饮品。但是豆奶或豆浆不可以代替配方奶粉作为宝宝的主食，因为豆奶或豆浆中的营养成分并不全面均衡，而且含铝比较多，并不适合处于生长发育关键期的宝宝作为主食食用。

鲜橙汁

难易程度：☆；重点营养：维生素C；🍴：榨汁

材料：鲜橙1个*。

做法：

① 橙子去皮后横切成两半，用榨汁机或其他挤果汁的器具挤压出果汁。

② 往橙汁中加入一倍温开水调匀即可。

贴心小叮咛

果汁隔夜后，不要再给宝宝喂食。另外，宝宝肠胃虚弱，一定要兑一杯的温开水才能给宝宝喝。如果宝宝对橙子味道不喜欢，也不要强迫宝宝喝。

注：本书中食物的用量，是为了方便制作的目的而设计，建议家长根据宝宝的实际食量，合理喂食，后文不另行说明。

香瓜汁

难易程度：☆；重点营养：纤维素；🍴：榨汁

材料：新鲜香瓜半个。

做法：

① 香瓜洗净，去皮、籽后切成小块。

② 将香瓜块放入榨汁机中，加温开水搅拌榨汁，倒入杯子后滤渣即可。

贴心小叮咛

香瓜本身就有甜味，给宝宝做果汁时，千万不要添加调味品。榨果汁时，一开始也以单一水果汁为佳。

青菜汁

难易程度：☆☆；重点营养：钙；🍴：煮

材料：青菜200 克（油菜、小白菜均可）。

做法：

① 青菜洗净，用清水浸泡30分钟后切碎。

② 锅置火上，加1小碗清水煮沸，再放入碎菜，盖紧锅盖，煮5分钟。

③ 用汤匙压菜取汁，即可给宝宝饮用。

贴心小叮咛

蔬菜汁由于含多种维生素，维生素容易被氧化，所以保存时间不宜超过1小时，否则容易变质。

葡萄汁

难易程度：☆☆；重点营养：葡萄糖；🍴：取汁

材料：紫葡萄 5 颗。

做法：

① 紫葡萄洗净，去皮、籽，用干净的纱布包起。

② 用汤匙将紫葡萄压挤出汁，加凉开水以1:1的比例稀释即可。

贴心小叮咛

给宝宝选择果汁时，最好给纯天然的鲜榨果汁，这样的果汁没有任何添加剂，对宝宝的健康没有隐患。

南瓜汁

难易程度：☆☆；重点营养：钴； 🍳：蒸

材料：南瓜 100 克。

做法：

① 南瓜洗净后去皮，切成小丁，蒸熟。

② 用匙子将蒸熟的南瓜压烂成泥。

③ 加适量开水稀释调匀，放在细网漏匙上过滤一下即可。

核桃汁

难易程度：☆☆☆；重点营养：镁； 🍳：磨

材料：核桃仁 100 克。

调料：配方奶适量。

做法：

① 将核桃仁放入温水中浸泡 5 ~ 6 分钟后去皮。

② 放入食品加工机中，加适量温开水，磨成浆汁。

③ 将核桃汁过滤后倒入锅中，再倒入适量配方奶煮沸，晾温即可。

西红柿汁

难易程度：☆☆；重点营养：番茄红素； 🍳：碾

材料：新鲜西红柿 1 个。

做法：

① 西红柿洗净，用开水烫软后去皮，切碎。

② 用清洁的双层纱布包好，将西红柿碾压取汁。

③ 将西红柿汁倒入锅中，加入1：1的清水，用中火滚煮2分钟，即可。

💗胡萝卜橙汁💗

难易程度：☆☆；重点营养：胡萝卜素；🍳：榨汁

材料：橙子 1 个，胡萝卜半根。

做法：

① 胡萝卜洗净、去皮后切成段；橙子对切成 4 瓣，去皮。

② 将胡萝卜段和橙子肉一起放入榨汁机中榨汁，倒入碗中即可。

贴心小叮咛

胡萝卜中含有丰富的胡萝卜素，进入肠道后会转化为对视力有益的维生素 A，有助于宝宝视力发育。

💗白萝卜梨汁💗

难易程度：☆☆；重点营养：锌；🍳：煮

材料：小白萝卜 1 根，梨半个。

做法：

① 小白萝卜洗净，切成细丝。

② 梨洗净，切成薄片。

③ 锅置火上，加适量清水，放入白萝卜丝煮沸。

④ 用小火炖 10 分钟，加入梨片再煮 5 分钟，晾凉即可。

贴心小叮咛

萝卜中含丰富的维生素 C 和微量元素锌，有助于增强宝宝身体的免疫功能，提高抗病能力。

♥ 黑枣桂圆汁 ♥

难易程度：☆☆☆；重点营养：铁；🍳：炖

材料：黑枣 1 大匙，桂圆肉 1/2 大匙。

调料：红糖适量。

做法：

① 将黑枣、桂圆肉分别洗净。

② 黑枣、桂圆肉放入锅中，加入适量清水及红糖调匀，隔水炖 40 分钟即可。

贴心小叮咛

黑枣和桂圆都有补气安神、养血壮阳的作用，宝宝睡眠不好的时候，可以给宝宝服用此汁，安神助眠。

♥ 胡萝卜水果泥 ♥

难易程度：☆☆；重点营养：锌；🍳：拌

材料：苹果 1/2 个，胡萝卜30 克。

调料：柠檬汁少许。

做法：

① 苹果去皮，切适量果肉。

② 胡萝卜洗净，与苹果肉一同刨碎，放入小碗里。

③ 将柠檬汁加入材料中，拌匀即可。

贴心小叮咛

刚给宝宝添加辅食时建议以泥糊状为主，且胡萝卜和苹果的纤维比较细腻，对肠道的刺激较小，适合 6 个月宝宝食用。

♥ 纯味米汤 ♥

难易程度：☆☆☆；重点营养：蛋白质；👨‍🍳：煮

材料：大米 3 小匙。

做法：

① 将大米用清水洗净，浸泡 2 小时。

② 锅中放入大米，加入适量水，小火煮至粥成，备用。

③ 将大米粥过滤，留取米汤，等到米汤微温时给宝宝喂食即可。

♥ 奶糊香蕉泥 ♥

难易程度：☆☆☆；重点营养：果胶；👨‍🍳：煮

材料：香蕉 100 克。

调料：配方奶粉适量。

做法：

① 把香蕉剥皮后，用勺子背面把它压成泥状，备用。

② 将香蕉泥放入锅内，加入配方奶粉和适量温水混合搅拌均匀。

③ 锅置火上，边煮边搅拌，煮至糊状，熄火即可。

♥ 甘薯泥 ♥

难易程度：☆☆☆；重点营养：纤维素；👨‍🍳：蒸

材料：甘薯 150 克。

做法：

① 甘薯洗净，切成小块，放入锅中。

② 隔水蒸熟，压成泥，取适量给宝宝喂食。

贴心小叮咛

甘薯富含淀粉、糖类、氨基酸等营养物质，是非常好的营养食品，不过食用甘薯应适量，以免出现不适。

蛋黄泥

难易程度：☆☆；重点营养：胆固醇；🍳：煮

材料：鸡蛋 1 个。

做法：

① 将鸡蛋洗净，放锅中煮熟。

② 将鸡蛋剥去蛋壳，除去蛋白，取半个蛋黄，加入少许白开水，用小匙搅烂即可。

③ 也可在蛋黄泥中，加入牛奶或米汤等食物调成糊状食用。

青菜泥

难易程度：☆☆☆；重点营养：铁；🍳：煮

材料：绿色蔬菜 100 克。

做法：

① 绿色蔬菜洗净后去梗，菜叶撕碎。

② 起锅，倒入适量矿泉水煮开，将碎菜叶放入其中，待水煮沸后，捞起菜叶。

③ 将菜叶放在干净的钢丝筛上捣烂，用匙压挤，滤出菜泥即可。

苹果泥

难易程度：☆☆；重点营养：锌；🍲：蒸

材料：苹果 70 克。

做法：

① 将苹果洗净去皮，用勺子刮成泥状，即可喂食。

② 也可将苹果洗净，去皮，切碎丁，加入适量凉开水，上笼蒸 20 分钟，捣碎晾温即可。

第三章

7个月，
嚼嚼菜泥果泥好出牙

要进一步给宝宝添加辅食，
7个月大的宝宝，乳牙开始萌出，需要增加补钙、可咀嚼的辅食了。
这个时期的宝宝咀嚼食物的能力逐渐增强，消化功能也逐渐增强，
添加的辅食品种要做到丰富多样、荤素搭配，
可在粥内加入少许碎菜叶、肉末等。

7 个月宝宝的喂养重点：喂食要定时，场所要固定

7 个月的宝宝已经开始长出乳牙，因而有了一定的咀嚼能力，舌头也有了搅拌食物的功能，这些都帮助他们对食物表现出越来越大的兴趣。

这个时期最好每日喂奶 3 次，吃辅食 2 次。辅食一般在上午 10 点和下午 6 点左右供给，一天只给 2 次。喂辅食时，妈妈有时难免操之过急，喂得太快，若宝宝嘴里还有食物时不能再喂，也不要让宝宝吃得太快，否则会出现囫囵吞枣的现象。应该一口一口地慢慢喂，如此宝宝才能适应这个阶段的喂食方法。不过，如果拖太久，宝宝、妈妈都会累，因此最好调整好时间，喂食时间控制在 20 分钟以内。值得注意的是，一旦喂食时间确定后，就不要轻易变动，这样有利于宝宝养成好习惯。

此时多数宝宝每天的辅食种类越来越丰富，爸爸妈妈更应该注意均衡哺喂，而不要一味地给宝宝增加营养，以免导致宝宝过胖，影响后期发育。

一日食谱营养搭配举例（7 月龄）

	时间	喂养方案
上午	6：00 ～ 6：30	母乳喂养或者喂200 ～ 220 毫升配方奶
	9：00 ～ 9：30	母乳喂养或者喂120 ～ 150 毫升配方奶、强化铁米粉2 勺
中午	12：00 ～ 12：30	菜泥或肉泥约1/3 碗
下午	15：30 ～ 16：00	母乳喂养或者喂150 ～ 200 毫升配方奶、蛋黄泥1/4 个
	18：00 ～ 18：30	鸡蛋羹或烩粥（面）1/3 碗、水果泥适量
晚间	20：00 ～ 21：00	母乳喂养或者喂200 ～ 220 毫升配方奶

* 因每个孩子的作息时间及食量不同，以上营养方案仅作为参考使用。后同。

关于宝宝吃饭的那些问题：专家答疑

Q：容易使宝宝噎到的食物有哪些？

A： 虽然7个月的宝宝已经开始长出乳牙，而且咀嚼和吞咽能力明显增强，但发育还并不完善，一些容易噎到宝宝的食物，妈妈还是要避免宝宝接触。

小且带皮核的水果：一些小巧、圆润且带核的水果，如葡萄、樱桃等。妈妈在喂宝宝这类食物时要先去皮、核，并切成小块，否则整颗给宝宝吃容易使宝宝噎到。

多纤维的蔬菜：宝宝多食用一些富含膳食纤维的食物是有益的，但含膳食纤维较多的蔬菜最好要切碎给宝宝食用，以免宝宝无法咀嚼和吞咽，导致被噎到。

黏稠果酱等：一些果酱或花生酱由于黏稠度过高，不利于宝宝咀嚼和吞咽，因此，也不宜给宝宝喂食。

坚果类：坚果较硬且体积太小，而宝宝还不能很好地掌握咀嚼和吞咽技巧，容易被噎到。所以，给宝宝喂食时应磨成粉后食用。

Q：7个月的宝宝突然不爱吃饭了怎么办？

A： 宝宝食欲减退了，无论是对辅食还是母乳或配方奶粉都会表现得食欲缺乏，甚至表现出不愿意吃东西的样子。妈妈遇到这种情况切不可手足无措，要冷静应对。如果不是由于身体出现疾病等而感到不适，那么宝宝食欲减退只是暂时的现象。一般造成宝宝食欲减退的原因主要有3个：一是宝宝的生长发育速度相比6个月内减慢，这使宝宝对食物的需求量相对减少；二是乳牙萌出使宝宝感到不适应；三是宝宝对食物有了自己的偏好。如果是这些原因引起的，妈妈可以采取少食多餐的方法，并尊重宝宝的意愿，不能硬喂宝宝吃东西，耐心帮助宝宝度过这一特殊阶段。

7 倍粥

难易程度：☆☆；重点营养：蛋白质；🍲：煮

材料：大米适量。

做法：

① 将大米浸泡30分钟（或更长一些时间）。

② 将浸泡好的大米放入锅内倒入7倍的水以大火煮沸，转小火煮40分钟，关火，再焖10分钟。

③ 把熬好的米粥倒入小碗中晾温即可。

贴心小叮咛

7 倍粥是大米和水的比例是 1：7，适合 7~9 个月断奶中期的宝宝食用。宝宝 10 个月后就可以食用 5 倍粥了。

南瓜粥

难易程度：☆☆；重点营养：钴；🍲：煮

材料：大米100克，南瓜50克。

做法：

① 大米洗净，放入水中浸泡30分钟以上；南瓜去皮后洗净，切成小薄丁。

② 锅置火上，加适量水，放入大米和南瓜一起煮沸，再煮30分钟至粥烂即可。

贴心小叮咛

南瓜粥的营养成分比较全面，且是维生素 A 的主要供给源，有助于保护宝宝视力发育和骨骼生长。南瓜粥里还含有丰富的锌，对宝宝大脑发育有利。

♥蘑菇米粥♥

难易程度：☆☆☆；重点营养：硒；🍳：炒

材料：大米粥200克，蘑菇50克。

调料：橄榄油少许。

做法：

① 蘑菇洗净后切碎末，备用。

② 锅置火上，加少许橄榄油烧热后放入碎蘑菇翻炒至熟烂。

③ 大米粥倒入锅中拌匀即可。

♥牛奶玉米粥♥

难易程度：☆☆☆；重点营养：纤维素；🍳：煮

材料：玉米粉50克。

调料：配方奶粉2大匙。

做法：

① 锅置火上，倒入配方奶粉和适量清水，用小火煮沸。

② 撒入玉米粉，用小火再煮3～5分钟，并用匙不断搅拌，直至变稠。

③ 将粥倒入碗内，晾凉后，即可喂宝宝吃。

♥麦片奶糊♥

难易程度：☆☆☆；重点营养：蛋白质；🍳：煮

材料：麦片100克。

调料：配方奶粉2大匙。

做法：

① 麦片用清水泡软。

② 锅置火上，将麦片连水倒入锅内煮沸，煮3分钟。

③ 加适量水，再煮5分钟，待麦片软烂、稀稠适度，加入配方奶粉搅匀即成。

香蕉泥

难易程度：☆☆；重点营养：磷；🍴：捣

材料：香蕉半根，婴儿米粉1～2匙。

调料：母乳或者配方奶2匙。

做法：

① 香蕉剥皮，捣成糊状。

② 将婴儿米粉和母乳或配方奶混合，倒入香蕉糊中搅拌均匀即可。

贴心小叮咛

香蕉泥含有丰富的碳水化合物、蛋白质，还有丰富的钾、钙、磷、铁及维生素 A、B_1 和 C 等，具有润肠、通便的功效，对便秘的宝宝有辅助治疗作用。

蛋黄果蔬泥

难易程度：☆☆☆；重点营养：维生素；🍴：煮

材料：熟鸡蛋黄半个，胡萝卜、苹果、猕猴桃各适量。

做法：

① 将胡萝卜去皮，煮熟后研磨成泥状；苹果、猕猴桃均去皮，捣泥状；熟蛋黄碾成泥状。

② 将所有食物稍微加热，拌匀，装入盘中即可。

贴心小叮咛

蛋黄营养丰富，含有较高的胆固醇、胆碱和卵磷脂，有助于宝宝智力发育。需要注意的是有些宝宝对蛋黄过敏，就不要勉强为之。

鸡蛋豆腐羹

难易程度：☆☆☆；重点营养：蛋白质；🍳：煮

材料：鸡蛋1个，豆腐3小匙。

调料：肉汤2小匙。

做法：

① 鸡蛋敲破，放入碗中，滤取半个蛋黄，打散。

② 豆腐放入锅内，加入适量沸水汆烫，捞出沥干。

③ 将蛋黄、豆腐一起放入锅内，加入肉汤，边煮边搅拌，煮熟即可。

贴心小叮咛

绵绵的豆腐很适合还没出牙的宝宝锻炼咀嚼能力，而且豆腐和鸡蛋中的蛋白质也有助于补充宝宝生长所需。

甘薯蛋黄泥

难易程度：☆☆；重点营养：；🍳：煮

材料：甘薯100克，熟鸡蛋黄半个。

做法：

① 甘薯洗净后去皮切块，煮熟，压泥。

② 将熟蛋黄用匙背压成泥状，加入甘薯泥拌匀即可。

贴心小叮咛

蛋黄是宝宝辅食里的重要一项，宝宝从吃辅食开始，就可以尝试吃蛋黄辅食了。蛋黄辅食的营养价值极高，婴儿食用蛋黄，可以补充奶类中铁的匮乏。蛋黄的做法也很多，可以做成蛋羹、蛋黄泥、蛋黄蔬果泥等。

❤ 萝卜鱼肉泥 ❤

难易程度：☆☆☆；重点营养：蛋白质；🍳：煮

材料：新鲜鱼肉50克，白萝卜泥30克，葱花少许。

调料：盐、水淀粉、高汤各少许。

做法：

① 将高汤倒入锅中煮开，放入鱼肉煮熟。

② 把煮熟的鱼肉压成泥状，和白萝卜泥一起放入锅内煮沸。

③ 用水淀粉勾芡，撒盐、葱花即可。

❤ 土豆西红柿羹 ❤

难易程度：☆☆；重点营养：纤维素；🍳：蒸

材料：西红柿、土豆各1个，肉末20克。

做法：

① 西红柿洗净去皮，切碎末。

② 土豆洗净，放入锅内，加适量水煮熟后去皮，压成泥。

③ 将西红柿末、土豆泥与肉末一起搅匀，上锅蒸熟即可。

❤ 香浓鸡汤粥 ❤

难易程度：☆☆☆；重点营养：蛋白质；🍳：煮

材料：鸡肉、大米各100克，葱、姜各少许。

调料：盐少许。

做法：

① 将鸡肉切碎，煮烂后取汁；大米洗净。

② 取适量鸡肉汤汁与大米一同放入锅中，再加入葱、姜、盐煮熟即可。

第四章

8 个月，
学习咀嚼固体食物

此时，妈妈的母乳量开始减少，质量也开始下降。
8 个月大的宝宝，基本都长出了几颗牙，咀嚼能力更强，
而这时候母乳营养减弱，辅食就显得更为重要了。
这个时期的宝宝的胃液，已经可以充分发挥消化蛋白质的作用了，
因此可多添加些蛋白质类辅食，如豆腐、鱼、瘦肉末、奶制品等。

8个月宝宝的喂养重点：热量需求增加，多摄取蛋白质

宝宝进入 8 个月后，体格发育速度有所减慢，而自主活动却明显增多，所以每天的热量消耗还会不断增加。与此同时，宝宝消化道内的消化酶已经可以充分消化蛋白质，妈妈应该对宝宝的饮食结构进行调整，添加的辅食应更丰富，可以给宝宝多喂一些蛋白质丰富的奶制品、瘦肉末、豆制品及鱼肉末等食物。

需要特别注意的是，每次给宝宝添加辅食时最好只添加一种，当宝宝已经适应且没有不良反应时，可再添加另外一种。而且，一般情况下，只有当宝宝处于饥饿状态时，才更容易接受新食物。所以，新

添加的辅食应该在给宝宝喂奶前喂食，喂完辅食之后再喂奶即可。

一日食谱营养搭配举例（8 月龄）

时间		喂养方案
上午	6：00 ~ 6：30	母乳喂养或者喂200 ~ 220毫升配方奶、白面包片30克
	9：00 ~ 9：30	菜汁或果汁约150毫升、20克营养米粉、1/4个蛋黄
中午	12：00 ~ 12：30	肉泥米糊2/3碗
下午	15：30 ~ 16：00	母乳喂养或者喂约180毫升配方奶、强化铁米粉2勺
	18：00 ~ 18：30	蒸嫩鸡蛋羹（半个鸡蛋，带蛋清）半碗、水果泥适量
晚间	20：00 ~ 21：00	母乳喂养或者喂200 ~ 220毫升配方奶

* 因每个孩子的作息时间及食量不同，以上营养方案仅作为参考使用。后同。

关于宝宝吃饭的那些问题：专家答疑

Q：宝宝不愿意吃辅食怎么办？

A： 如果宝宝不爱吃添加的辅食，爸爸妈妈们也不要过于担心，要耐心找到问题的根源。一般来讲，宝宝不愿意吃辅食的原因主要包括：辅食口感不佳；宝宝不习惯新食物；宝宝的身体不舒服；不习惯辅食的喂养方式等。为此，爸爸妈妈们需要找出宝宝不愿意吃辅食的原因，并耐心帮其克服。如果是辅食做得不可口，就需要妈妈从食物的美味上下工夫。一般最初给宝宝添加辅食时，辅食要尽量容易消化、咀嚼、吞咽，口感松软，温度合适，尽量满足宝宝的口感。另外，由于添加辅食，宝宝的进食方式就会出现变化，原来吸吮乳头现在需要尝试使用勺子、碗等餐具，宝宝肯定不习惯，给宝宝一个适应的阶段，耐心地多尝试几次就可以了。

Q：宝宝不喜欢吃蔬菜怎么办？

A： 遇到这种情况时，可以将蔬菜做成让宝宝不能选择的形态，例如将蔬菜切成碎末放入汤中，或做成菜肉蛋卷等，这样便可以顺顺利利地让宝宝吃下蔬菜。对于宝宝的偏食问题，爸爸妈妈不必急着在婴儿期强行改变，有许多在婴儿期不爱吃的食物，到了幼儿期，宝宝却变得非常爱吃。

Q：可以给宝宝添加较柔软的固体食物吗？

A： 8个月的宝宝已经进入萌牙期，妈妈可以为宝宝适当添加较柔软的固体食物，如切成丁或片的香蕉、苹果等，也可以选择入口即化的食物，如小饼干。这类食物对长牙或将要长牙的宝宝来说，可以锻炼其咀嚼能力，促进牙齿生长，坚固牙齿。

Q：宝宝8个多月了没长牙，是不是缺钙了？

A： 宝宝长牙早晚与遗传、营养、疾病等因素有关。由于个体差异，出牙的时间差距在半年之内也算正常。宝宝长牙晚的原因父母可以去咨询医生，不能盲目地认为就是缺钙而导致长牙晚，于是开始给宝宝加量服用钙片，这样做不仅不能解决宝宝长牙晚的问题，还有可能影响其身体健康。

Q：宝宝用手抓饭需要纠正吗？

A： 没有必要硬性纠正宝宝用手抓饭吃的行为。事实上，抓饭吃对宝宝有诸多益处。研究表明，这一时期的宝宝正处在学吃饭的时期，所以宝宝的这种行为实质也是一种兴趣的培养。而且，宝宝与食物反复接触，能使他对食物越来越熟悉，越来越有好感，也能更好地避免宝宝养成挑食的习惯。另外，手抓食物给宝宝带来的愉悦感，也会使宝宝更喜欢动手进食，并促进食欲和增强手指的灵活性。如果爸爸妈妈们担心这样做不卫生，只要注意饭前将宝宝的小手洗干净即可。

Q：为什么不能给宝宝吃未煮熟的鱼？

A： 淡水鱼体内一般常有寄生虫，因此给宝宝烹调鱼时，要注意将鱼清洗干净。而且烹饪时鱼要烹煮熟烂才能给宝宝食用，否则未熟透的鱼肉，仍然会危害宝宝的身体健康。宝宝如食用了未熟透的鱼，可能会出现食欲缺乏、腹痛、水肿、黄疸等情况。

💜 柠檬汁香蕉泥 💜

难易程度：☆☆；重点营养：磷；🍳：搅

材料：香蕉70克。

调料：柠檬汁少许。

做法：

① 将香蕉洗净，剥去白丝，切成小块。

② 再将香蕉块放入料理机中，淋入几滴柠檬汁，搅成香蕉泥即可。

贴心小叮咛

香蕉泥含有丰富的碳水化合物、蛋白质，还有丰富的钾、钙、磷、铁及维生素 A、B_1 和 C 等，具有润肠、通便的作用。

💜 鸡汤南瓜泥 💜

难易程度：☆☆；重点营养：B 族维生素；🍳：煮

材料：南瓜150克，鸡胸脯肉100克。

做法：

① 将鸡胸脯肉剁成泥，再加适量水煮。

② 南瓜洗净后去皮，放蒸锅中蒸熟，碾成泥。

③ 当鸡肉汤熬好之后，用纱布将鸡肉颗粒过滤掉，将鸡汤倒入南瓜泥中，再稍煮片刻即可。

贴心小叮咛

鸡肉中富含多种人体必需的氨基酸，能提高宝宝对感冒的免疫能力。

♥ 奶香南瓜糊 ♥

难易程度：☆☆；重点营养：钴；👨‍🍳：煮

材料：南瓜100克。

调料：配方奶粉1小匙。

做法：

① 将南瓜去皮切片，放入锅中煮熟。

② 用小勺将煮熟的南瓜片压成泥。

③ 在南瓜泥中加入适量开水，再加入1小匙配方奶粉搅拌均匀即可。

贴心小叮咛

南瓜的营养成分全面、富含各种维生素和矿物质，非常适合生长发育高峰期的宝宝们。而且南瓜中丰富的膳食纤维还能帮助宝宝消化吸收。

♥ 金枪鱼奶汁白菜 ♥

难易程度：☆☆☆；重点营养：钙；👨‍🍳：煮

材料：大白菜嫩叶1片，配方奶粉适量，瓶装金枪鱼泥1/2瓶。

做法：

① 大白菜嫩叶洗净，用开水焯烫。

② 将大白菜嫩叶滤水后切碎。

③ 将配方奶粉、白菜末放入锅中以小火煮熟，起锅前加入金枪鱼泥拌匀即可。

贴心小叮咛

金枪鱼中富含丰富的DHA，俗称"脑黄金"，对宝宝的脑发育有极好的促进作用。而且金枪鱼肉中的蛋白质也非常容易被宝宝消化吸收。

♥ 胡萝卜鲳鱼粥 ♥

难易程度：☆☆☆；重点营养：镁；🍳：煮

材料：鲳鱼30克，胡萝卜10克，大米粥1/2碗。

做法：

① 将胡萝卜洗净，去皮，切细丁；鲳鱼洗净，去干净刺，切成细丁。

② 将胡萝卜丁、鲳鱼丁与大米粥混合煮软，搅成糊状即可。

贴心小叮咛

鲳鱼是一种深海鱼，腥味淡，且富含优质蛋白、钙质和多种维生素，有强身健体、益智健脑的作用。

♥ 蛋黄奶粉米汤粥 ♥

难易程度：☆☆；重点营养：蛋白质；🍳：煮

材料：鸡蛋1个。

调料：米汤小半碗，配方奶粉2匙。

做法：

① 在煮大米粥时，将米汤盛出半碗。

② 将鸡蛋煮熟，取1/2个蛋黄研成泥。

③ 将配方奶粉冲调好，放入蛋黄、米汤调匀即可。

贴心小叮咛

随着宝宝的成长，母乳已经不能满足宝宝的营养需求，增加配方奶粉，或利用配方奶粉制作辅食，有助于补充宝宝营养供给。

💜 番茄鱼泥 💜

难易程度：☆☆；重点营养：蛋白质；🍳：煮

材料：新鲜鱼肉（最好选鱼刺少的鱼）30克。

调料：鱼汤2大匙，水淀粉、番茄酱各少许。

做法：

① 将鱼肉煮熟，去鱼骨刺和鱼皮后研碎。

② 锅置火上，放入鱼泥和鱼汤以大火煮沸。

③ 水淀粉与番茄酱倒在一起调匀，再倒入鱼泥锅中搅拌，煮至黏稠状，关火即可。

💜 鱼泥苋菜粥 💜

难易程度：☆☆☆；重点营养：钙；🍳：煮

材料：熟鱼肉30克，苋菜嫩芽3片，大米粥3大匙。

调料：鱼汤适量。

做法：

① 苋菜嫩芽氽烫，切末后压成泥状；熟鱼肉压碎成泥（去净鱼骨刺）。

② 在大米粥中加入鱼肉泥、鱼汤煮至熟烂。

③ 再加入苋菜泥煮烂即可。

💜 黑芝麻糊 💜

难易程度：☆☆☆；重点营养：铁；🍳：煮

材料：大米100克，熟黑芝麻80克。

做法：

① 大米淘洗干净后焙干，黑芝麻焙干。

② 将焙干的大米与黑芝麻放入搅拌机中，加入适量水，打成浆。

③ 锅中放入适量水，煮沸之后，倒入米浆，边倒边用勺搅拌至糊状即可。

❤ 土豆泥 ❤

难易程度：☆☆；重点营养：维生素C；🍳：蒸

材料：土豆50克。

做法：

① 土豆去皮，洗净，切成小块，蒸熟。

② 用勺子将土豆块压烂成泥，再加入少量开水调匀。

贴心小叮咛

表皮发绿或者长了芽的土豆，其皮和芽中含有有毒物质龙葵碱，因此一定不要给宝宝食用这样的土豆。

❤ 奶汁菜花泥 ❤

难易程度：☆☆；重点营养：维生素K；🍳：煮

材料：菜花20克。

调料：配方奶100毫升。

做法：

① 菜花洗净，放入沸水中焯烫至软，捞起，沥干水分，剁成碎末。

② 烧开水，放入配方奶，加入菜花末，调匀即可。

❤ 香蕉奶糊 ❤

难易程度：☆☆；重点营养：糖分；🍳：煮

材料：香蕉40克，配方奶粉50克，玉米粉10克。

做法：

① 香蕉剥皮后用勺研碎。

② 配方奶粉加温水调好，加入玉米粉，边煮边搅拌，煮好后倒入香蕉泥调匀即可。

豆腐鱼肉饭仔

难易程度：☆☆☆；重点营养：蛋白质；👨‍🍳：煮

材料：大米30克，豆腐蒸鱼（已蒸熟）。

调料：生抽、熟油各适量。

做法：

① 将豆腐蒸鱼拣去鱼骨，把鱼肉和豆腐弄碎，加入少许生抽、熟油；大米洗净，加清水浸泡1小时。

② 小煲内放入适量水，放入米及浸米的水，开火煲沸，慢火煲成浓糊状的烂饭，加入鱼肉、豆腐，搅匀煲沸即可。

蛋黄豌豆糊

难易程度：☆☆☆；重点营养：蛋白质；👨‍🍳：煮

材料：豌豆100克，熟蛋黄1个，大米50克。

做法：

① 豌豆去掉豆荚，淘洗干净，剁成豆蓉。

② 熟蛋黄压成泥。

③ 大米洗净，浸泡2小时，连水、豌豆蓉一起煲成半糊状，拌入蛋黄泥煮约5分钟即可。

鹌鹑蛋奶

难易程度：☆☆☆；重点营养：氨基酸；👨‍🍳：煮

材料：鹌鹑蛋2~3个。

调料：配方奶粉、白糖各适量。

做法：

① 配方奶粉加入适量开水煮沸；鹌鹑蛋去壳，加入煮沸的配方奶中。

② 待鹌鹑蛋煮至刚熟时关火，加入适量白糖调味即可。

♥ 菠菜鱼肉泥 ♥

难易程度：☆☆；重点营养：镁；🍳：煮

材料：鱼肉、菠菜叶各适量。

做法：

① 鱼肉去皮、骨，放入沸水中汆烫至熟，捣碎成泥。

② 菠菜叶洗净，煮熟后捣成泥。

③ 将鱼肉与菠菜泥混合均匀即可。

♥ 樱桃糖水 ♥

难易程度：☆☆☆；重点营养：铁；🍳：煮

材料：樱桃100克。

调料：白糖适量。

做法：

① 樱桃洗净，去蒂、核，放入锅内，加入白糖及适量水，小火煮烂。

② 将樱桃搅烂，倒入小杯内晾凉即可。

♥ 牛肉甘薯泥 ♥

难易程度：☆☆☆；重点营养：铁；🍳：煮

材料：牛肉50克，甘薯粉少许。

调料：高汤3大匙。

做法：

① 锅里加水煮沸，放入牛肉略煮一下，取出牛肉，捣烂；甘薯粉中加入开水拌匀成糊。

② 将捣烂的牛肉和高汤一起放入锅里煮，待牛肉将熟时加入甘薯糊搅拌均匀，稍煮即可。

第五章

9 个月，
多吃磨牙食物，牙齿漂亮又坚固

9 个月，是宝宝成长过程中非常重要的阶段。

长到 9 个月大的时候，牛奶从主食变为补充食物，辅食慢慢变成主角。

经过前面几个月的补充喂养，宝宝的食物范围也在扩大。

加上他的牙齿范围扩大，咀嚼能力增强，开始对食物表现出明显的偏好。

此时，宝宝可以用牙龈搓软固体食物，给一些柔软的手抓食物，

可以锻炼宝宝的咀嚼功能，训练吞咽动作和手指握感。

9个月宝宝的喂养重点：牙床痒痒，食物要耐咀嚼

从第 9 个月开始，母乳即使再充足，也不能作为宝宝的主食了，但有哺乳条件的妈妈还应哺喂母乳，但要逐步减少，直至宝宝断奶为止。

此时的宝宝可能已经长出 3 ~ 4 颗小牙，有一定的咀嚼能力，这时可以进一步调整奶量和辅食量的比例，并适当添加一些较硬的食物，如碎菜叶、肉末丁等。但宝宝的消化能力还不是很完善，因此还要把食物较粗的部分去掉。

一般情况下，此时母乳和配方奶仍需要继续喂哺，但可以适当减少喂奶的次数，总奶量一般每天 500 ~ 600 毫升即可，辅食量可以在之前的基础上适量添加。

一日食谱营养搭配举例（9 月龄）

	时间	喂养方案
上午	6：00	母乳喂养或者喂 200 ~ 220 毫升配方奶、白面包片 30 克
	8：30	水果粒 100 ~ 150 克
	10：00	肉蛋类烩粥或烂面约 2/3 碗
中午	12：00 ~ 12：30	母乳喂养或者喂约 200 毫升配方奶、1 片面包
下午	15：00	肉末碎 80 克
	18：00 ~ 18：30	鱼肉泥 25 克、蔬菜碎末 50 克、米粥 25 克
晚间	21：00	母乳喂养或者喂 200 ~ 220 毫升配方奶

* 因每个孩子的作息时间及食量不同，以上营养方案仅作为参考使用。后同。

关于宝宝吃饭的那些问题：专家答疑

Q： 能给宝宝吃的磨牙食物有哪些？

A： 一般来讲，宝宝大概从7个月起进入了长牙期，等到了9个月后宝宝的牙齿已经长出许多颗了，这时给宝宝适量吃一些磨牙食物，有利于宝宝牙齿生长和发育。爸爸妈妈们可以在两餐之间给宝宝吃一些面包片、磨牙饼干、手指饼干或水果块等，让宝宝拿着当零食吃。但这个时候的磨牙食物不要太硬，以免噎到宝宝。建议每天让宝宝至少吃2次磨牙食物。

Q： 宝宝吃粗粮有哪些好处？

A： 所谓粗粮，是指小米、玉米、高粱米等谷类食物。宝宝常吃粗粮对于成长发育非常有益，因为粗粮中有许多细粮所没有的营养成分。粗粮中糖类的含量低、膳食纤维的含量较多，而且还富含 B 族维生素等营养成分。此外，宝宝常食粗粮，还有利于加快体内废物排泄，减少体内毒素，从而有效缓解便秘症状。粗粮中的膳食纤维能使宝宝产生饱食感，从而控制糖类的过量摄入。尤其是在宝宝开始长牙时，适当吃些粗粮能够促进宝宝咀嚼肌和牙床的发育，因而粗粮也是宝宝磨牙的好食物。

Q： 宝宝生病了还可以断奶吗？

A： 宝宝生病期间一般不建议断奶，最好推迟一下断奶时间，等宝宝身体恢复后再进行断奶。因为这个时候宝宝的身体虚弱且情绪不佳，再加上长期以来已习惯了母乳喂养，如果这时再断奶，宝宝在心理上会难以接受，而且还可能会造成营养不良，使病情加重，进而影响宝宝的成长。

Q： 宝宝对鱼肉过敏怎么办？

A： 鱼肉肉质细腻、味道鲜美，营养价值高，其中蛋白质、维生素、矿物质等含量十分丰富，经常食用鱼肉对促进宝宝生长发育、提高智力都有好处。但有些宝宝对鱼肉过敏，尤其是海产类的鱼肉过敏反应更严重。这时最好停止给宝宝吃鱼肉，可以等宝宝大一些，再尝试着给宝宝喂食鱼肉，但为了保证宝宝均衡地摄入营养，可以先用营养成分相似的其他动物性食物来代替鱼肉。

Q： 为什么宝宝发热时不能多吃鸡蛋？

A： 当宝宝发热时，爸爸妈妈为了给虚弱的宝宝补充营养，使他尽快康复，就会增加一些高蛋白类的食物，如鸡蛋羹、鱼泥、肉泥等，特别是蛋类。生病中的宝宝如无食物禁忌，适当选择一些补充蛋白质的食物是可以的，但吃太多则不仅不利于宝宝身体的恢复，反而可能有损身体健康。

首先，宝宝发热时消化功能会受到影响，消化酶的分泌有所减少，此时给宝宝吃较多的高蛋白食物可能会导致宝宝发生消化不良，甚至腹泻。另外，人体摄入食物时会出现热量消耗增加的现象，在营养学上称为"食物特殊动力作用"。三种基础营养中，即蛋白质、脂肪和糖类中，蛋白质的产热能力是最大的。所以当发热的宝宝摄入大量蛋白质食物时，无论从消化能力方面还是体温控制方面都没有什么益处。

所以，对于发热宝宝的正确护理方案是鼓励宝宝多喝温水，多吃些蔬菜和水果，适量地吃容易消化的主食及肉、蛋、奶类等。

♥ 鸡肉菜粥 ♥

难易程度：☆☆☆；重点营养：蛋白质；🍳：煮

材料： 7倍粥（做法见P20）150克，鸡肉15克，菜叶1片。

做法：

① 鸡肉洗净后煮熟，切碎；菜叶汆烫熟，切碎。

② 将碎鸡肉加入7倍粥中煮。

③ 鸡肉煮软后，加入菜叶煮1分钟即可。

贴心小叮咛

鸡肉属于白肉的一种，营养丰富，其蛋白质和维生素A的含量均高于猪肉和牛肉，且易消化易吸收，更适合作为宝宝吃的第一种肉类添加。

♥ 煮挂面 ♥

难易程度：☆☆☆；重点营养：淀粉；🍳：煮

材料： 挂面10克，鸡胸脯肉5克，胡萝卜、菠菜各适量。

调料： 水淀粉适量。

做法：

① 胡萝卜切丁煮软烂；菠菜汆烫，捞出沥干。

② 鸡肉剁碎后用水淀粉抓好，倒入开水煮熟，再放入胡萝卜丁和菠菜做成汤。

③ 挂面煮软，捞出后加入菜汤中再煮2分钟即可。

贴心小叮咛

鸡肉挂面，鲜香美味，营养丰富。

♥ 鸡肝肉泥 ♥

难易程度：☆☆☆；重点营养：维生素A；🍳：蒸

材料：鸡肝、猪瘦肉各50克。

做法：

① 鸡肝、猪瘦肉均洗净，去筋，用刀剁成肝泥、肉泥。

② 将鸡肝泥和猪瘦肉泥一起放入碗中，加入适量冷水搅匀，上笼蒸熟即可。

♥ 蒸南瓜 ♥

难易程度：☆☆；重点营养：钴；🍳：蒸

材料：南瓜适量。

做法：

① 南瓜去皮，洗净，切成块，置于盘中，上蒸锅蒸熟后取出。

② 待其变温后用宝宝的小匙子一点一点刮泥，给宝宝喂食即可。

♥ 沙丁鱼橙泥 ♥

难易程度：☆☆☆；重点营养：脂肪酸；🍳：蒸

材料：沙丁鱼、橙子各适量。

做法：

① 沙丁鱼洗净，去骨、皮；橙子去皮，研磨成泥。

② 将沙丁鱼肉、橙泥一同放入碗中，入锅中蒸熟，取出后捣碎成泥即可。

♥ 蔬菜蒸蛋黄 ♥

难易程度：☆☆☆；重点营养：铁；🍲：蒸

材料：鸡蛋黄40克，菠菜25克，胡萝卜适量。

调料：高汤适量。

做法：

① 鸡蛋黄碾成碎末；胡萝卜、菠菜分别择洗干净，汆烫后切成碎末。

② 将蛋黄末与高汤混匀，放入蒸笼中蒸3～4分钟。

③ 将胡萝卜末和菠菜末撒在蒸好的蛋黄上即可。

♥ 蔬菜鳕鱼羹 ♥

难易程度：☆☆☆；重点营养：镁；🍲：煮

材料：鳕鱼肉1片，丝瓜、小白菜、胡萝卜各适量。

做法：

① 鳕鱼肉切成细丁；丝瓜、小白菜、胡萝卜切成细末。

② 锅中加适量清水煮开，放入鳕鱼丁、小白菜末、胡萝卜末搅匀，再放入丝瓜末煮片刻即可。

♥ 肉茸茄泥 ♥

难易程度：☆☆☆；重点营养：维生素P；🍲：蒸

材料：圆茄子2/3个，细肉茸20克，蒜末少许。

调料：香油、水淀粉各少许。

做法：

① 细肉茸中加蒜末、水淀粉拌匀，腌渍20分钟。

② 圆茄子茄肉部分向上，放入碗内。

③ 将腌渍好的细肉茸放于茄肉上，上蒸锅蒸至酥烂。

④ 取出后，淋上少许香油拌匀、捣烂即可。

♥ 奶汁香蕉 ♥

难易程度：☆☆☆；重点营养：纤维素；🍲：煮

材料：香蕉半根，玉米粉1大匙。

调料：配方奶100毫升。

做法：

① 香蕉去皮，用勺子研成泥。

② 在配方奶中加入玉米粉，倒入锅中边煮边搅拌。

③ 将刚煮好的奶汁倒入香蕉泥中拌匀即成。

♥ 什锦米粥 ♥

难易程度：☆☆☆；重点营养：维生素；🍲：煮

材料：大米、小米、燕麦各20克，海带、小白菜、西红柿丁各适量。

调料：香油适量。

做法：

① 大米、小米、燕麦加适量水煮成粥。

② 加入海带、小白菜和西红柿丁，煮至西红柿熟后再加少量香油调味即可。

♥ 黑芝麻大米粥 ♥

难易程度：☆☆☆；重点营养：铁；🍲：煮

材料：黑芝麻10克，大米30克。

做法：

① 黑芝麻炒熟，备用。

② 大米用开水浸泡至软，用搅拌机打成细末，再加入适量开水煮至米熟汤稠。

③ 在粥中加入黑芝麻，继续煮片刻，拌匀后即可喂食。

♥ 土豆胡萝卜泥 ♥

难易程度：☆☆☆；重点营养：维生素；🍳：煮

材料：土豆1~2个，胡萝卜1/4根。

做法：

① 土豆洗净，去皮，放入微波炉中加热至熟，趁热压成泥，用细孔筛子过滤一次。

② 胡萝卜洗净，去皮，切成小丁，煮至烂熟，用擦板擦成胡萝卜泥。

③ 将土豆泥和胡萝卜泥一起拌匀即可。

♥ 米粉芹菜糊 ♥

难易程度：☆☆；重点营养：铁；🍳：煮

材料：新鲜芹菜30克，米粉20克。

做法：

① 芹菜择洗干净，切碎；米粉泡软。

② 锅内加水煮沸，放入碎芹菜和米粉，煮3分钟即可。

贴心小叮咛

芹菜含丰富的维生素和膳食纤维，但不要给宝宝食用过多的芹菜，以免造成宝宝消化不良。

♥ 蘑菇米粥 ♥

难易程度：☆☆☆；重点营养：镁；🍳：炒

材料：大米粥200克，蘑菇50克。

做法：

① 蘑菇洗干净，切碎。

② 锅置火上，加适量油，稍热后放入蘑菇，翻炒至熟烂。

③ 大米粥倒入锅中，拌匀即可。

风味奶酪

难易程度：☆☆☆；重点营养：钙；🍴：搅拌

材料：配方奶粉50克，菠萝块5克，饼干4片。

调料：干奶酪1片。

做法：

① 饼干压成粉末，与配方奶粉和菠萝块一同放入搅拌机搅拌均匀。

② 加入适量的干奶酪片调匀即可。

圆白菜蛋泥汤

难易程度：☆☆☆；重点营养：钙；🍴：煮

材料：圆白菜叶1片，熟鸡蛋黄1/2个。

调料：清高汤1/3杯，水淀粉少许。

做法：

① 圆白菜叶氽烫一下，切小块；熟鸡蛋黄压成泥。

② 将圆白菜叶和清高汤倒入锅里稍煮，用水淀粉勾芡，再将蛋黄泥放入汤中搅拌均匀即可。

鸡蛋麦片奶粥

难易程度：☆☆☆；重点营养：钙；🍴：煮

材料：鸡蛋1个（打散），麦片、杏仁各适量。

调料：牛奶、冰糖各适量。

做法：

① 杏仁、冰糖一起放入搅拌机里打成粉。

② 锅里放少量水煮开，加麦片煮熟。

③ 加鸡蛋液继续煮至熟后关火，加牛奶和杏仁粉调匀即可。

♥ 豆腐肉糕 ♥

难易程度：☆☆☆；重点营养：蛋白质；🍳：蒸

材料：猪肉200克，豆腐100克，葱末适量。

调料：香油、酱油、盐、干淀粉各少许。

做法：

① 将猪肉洗净，剁碎，用酱油、盐、适量干淀粉搅拌成肉馅。

② 豆腐用沸水汆烫，沥干后切碎，加入肉馅、干淀粉、盐、香油、葱末和少量水，搅拌成泥状；将猪肉豆腐泥一起盛在小碗内，放入蒸锅中，蒸15分钟至熟即可。

贴心小叮咛

猪肉是蛋白质、维生素和铁质的主要饮食来源，适量食用猪肉，有助于补充宝宝营养。

♥ 芦笋蛋奶 ♥

难易程度：☆☆；重点营养：硒；🍳：煮

材料：熟蛋黄1/2个，芦笋20克。

调料：配方奶1大匙。

做法：

① 将熟蛋黄压泥，加入配方奶拌匀后盛入碗里。

② 芦笋洗净，切小丁，煮软后取出捣成泥状，放在蛋奶中即可。

贴心小叮咛

芦笋具有清口解腻、促进肠胃蠕动的作用，加上营养丰富的蛋黄和奶粉，有助于宝宝补充营养，增强免疫力。

♥ 鲜虾肉泥 ♥

难易程度：☆☆☆；重点营养：蛋白质；🍳：蒸

材料：鲜虾仁50克。

调料：香油少许。

做法：

① 虾仁洗净，制成肉泥，放入碗中。

② 往装虾仁肉泥的碗中加适量水，放入锅中蒸熟。

③ 淋2滴香油拌匀即可。

贴心小叮咛

宝宝成长需要大量蛋白质，而虾肉肉质松软，易消化，蛋白质含量又高，适合宝宝食用。

♥ 碎牡蛎饭 ♥

难易程度：☆☆☆；重点营养：铁；🍳：煮

材料：牡蛎200克，大米150克，蒜末1大匙。

调料：熟白芝麻、香油、盐各适量。

做法：

① 牡蛎去壳，用盐水洗净，沥干，切碎。

② 焖煮大米饭至一半时间时，放入碎牡蛎一起蒸。

③ 将焖好的牡蛎大米饭盛入碗中，加入蒜末、熟白芝麻、盐、香油调成的汁拌着吃。

贴心小叮咛

牡蛎是一种高蛋白、低脂肪、容易消化的营养佳品，有助促进宝宝的生长发育。

♥ 核桃仁糯米粥 ♥

难易程度：☆☆☆；重点营养：锌；🍳：煮

材料：核桃仁10克，糯米30克。

做法：

① 将糯米洗净放入锅内，加水后煮至半熟。

② 将核桃仁炒熟，压成粉状，择去皮后放入粥里，煮至黏稠即可。

贴心小叮咛

核桃富含锌、锰等益脑营养素，有健脑的作用。

♥ 金瓜枸杞粥 ♥

难易程度：☆☆☆；重点营养：锌；🍳：煮

材料：小南瓜70克，熟米饭200克，枸杞子8颗。

调料：高汤3杯，白胡椒粉、盐各少许。

做法：

① 小南瓜切片，汆烫；枸杞子浸泡10分钟后沥干。

② 将高汤倒入锅中，放入小南瓜片慢熬至入味，捞出小南瓜片，留下汤汁，加入熟米饭煮至软烂。

③ 加枸杞子、白胡椒粉、盐，再倒入小南瓜片即可。

♥ 小·米蛋奶粥 ♥

难易程度：☆☆；重点营养：胡萝卜素；🍳：搅拌

材料：牛奶300毫升，小米100克，鸡蛋1个。

调料：白糖适量。

做法：

① 小米淘洗干净，用冷水浸泡片刻。

② 锅置火上，加水，放入小米，用大火煮至小米胀开。

③ 加入牛奶，继续煮，至米粒松软烂熟。

④ 鸡蛋打散，淋入奶粥中，加入白糖熬化即可。

第六章

10 个月，
小小手自己吃，准备断奶

这个时候的宝宝变得更好动了，运动能力增强不少，消化能力更是趋近完善。

长到 10 个月大的宝宝，进入断奶准备期，可以吃大部分食物了。

宝宝的饭食可以跟着爸爸妈妈一起，三餐主食分明。

在早餐、午餐和晚餐两小时后可以给宝宝添加水果和配方奶。

在主食方面，浓稠的米粥、软面包、软面条等都可以给宝宝喂食。

10个月宝宝的喂养重点：食物更多样，充分训练宝宝咀嚼力

10个月的宝宝，虽然牙齿还没有长全，但已经会用牙床咀嚼食物了，这一时期，让宝宝充分练习咀嚼尤其重要。此时，有些宝宝已经开始断奶了，可以由出生时以乳类为主的饮食结构渐渐过渡到以乳类为辅的阶段。但宝宝每日还是应继续进行母乳喂养，并吃3次主食和1次点心。

宝宝开始断奶后，辅食量增多了而且也渐渐成为了主食，且辅食也从半固体食物逐渐转变为固体食物，这时如果饮食结构不合理就很容易使宝宝发生便秘。因此在宝宝开始断奶时就要做好预防，在饮食结构上要讲究营养均衡、全面，保证食物种类的多样性，如五谷杂粮、蔬菜、水果等都要均衡摄入，还要给宝宝适时、适量地补充水分。

一日食谱营养搭配举例（10月龄）

	时间	喂养方案
上午	7：00	母乳喂养或者喂约200毫升配方奶、肉馅包子1个
	9：30	20克饼干、100毫升新鲜果汁
中午	12：00～12：30	碎青菜面条30克
下午	15：00	母乳喂养或者喂约220毫升配方奶、新鲜水果80克
	18：00	鱼肉泥（去刺）25克、土豆泥50克
晚间	21：00	喂200～220毫升配方奶

* 因每个孩子的作息时间及食量不同，以上营养方案仅作为参考使用。后同。

关于宝宝吃饭的那些问题：专家答疑

Q: 何时训练宝宝自己进餐？

A: 通常来说，10 个月以上的宝宝进餐时总想自己动手，喜欢摆弄餐具，这正是训练宝宝自己进餐的好时机。对食物的自主选择和独立进餐，是宝宝早期个性形成的一个标志，这对锻炼宝宝的协调能力和独立性很有帮助。在吃饭前，妈妈要先铺上塑料布，然后给宝宝穿上围嘴，再洗净宝宝的小手。开始吃饭时，妈妈可以准备两套餐具，一套自己拿着，给宝宝喂饭；另一套给宝宝，让宝宝自己吃。

Q: 宝宝太胖怎么办？

A: 如果宝宝的体重平均每天增长超过 30 克，妈妈就要适当限制宝宝的食量。平时，妈妈可以多给宝宝吃蔬菜、水果，也可让宝宝在吃饭前或喝奶前先喝些淡果汁。当然，对于食量大的宝宝，控制其饮食量是比较困难的，妈妈不妨从饮食结构上进行调整，让宝宝少吃主食，多吃蔬菜、水果，多喝水，这是控制体重的好办法。但要保证宝宝蛋白质的摄入量，不能强行控制奶和蛋肉的摄入。只要能控制宝宝总热量的平衡摄入，同时保证营养成分的供给，宝宝就不会成为"小胖墩儿"了。

Q: 怎样培养宝宝独立"吃饭"的能力？

A: 有的妈妈怕宝宝不爱吃辅食，总是把饭菜做得很细烂，把菜剁得很碎，把水果弄成水果泥。其实，对于现阶段的宝宝来说，这种做法是很保守的喂养方法。妈妈不要主观认为宝宝"吃"的能力还不够，应该给宝宝机会，让宝宝试一试。宝宝的能力，有时是父母想象不出来的。爸爸妈妈切忌把宝宝培养成智力超群、生活能力低下的人，而应该放手给宝宝更多的信任和机会。例如，让宝宝自己拿勺子吃饭、自己抱着杯子喝奶，等等。这样做，不仅能锻炼宝宝的独立生活能力，还能提高宝宝吃饭的兴趣，有了兴趣，宝宝吃饭自然就主动了。

Q: 妈妈是否应该把时间都放在厨房？

A: 这个月龄的宝宝能吃多种蔬菜和肉蛋鱼虾，能和父母一起进餐。如果宝宝能一日吃三餐，喝两次奶，不吃点心，这就节省了很多时间，妈妈就有时间多带宝宝到户外活动，多和宝宝做游戏。不要把时间全放在厨房里，不要占用和宝宝共处的时间。

Q: 为什么宝宝不吃肉，更应补充B族维生素？

A: 动物性食物中富含多种 B 族维生素，宝宝如果不吃肉，很容易出现烂嘴角、手脚麻木等症状。所以妈妈更要注意给这样的宝宝补充B族维生素。如果选择药补，则最好选择复合B族维生素片剂，这样更利于均衡营养，促进宝宝对营养的吸收。

♥ 碎牛肉细面汤 ♥

难易程度：☆☆☆；重点营养：肌氨酸； 🍳：煮

材料：牛肉15克，细面条50克，胡萝卜、四季豆各适量。

调料：柠檬汁、高汤各适量。

做法：

① 细面条沸水中煮2分钟捞出，切小段备用；牛肉切碎；胡萝卜去皮，切末；四季豆切碎备用。

② 将碎牛肉、胡萝卜末、四季豆碎与高汤一起放入另一个锅内，用大火煮沸，然后加入细面条煮至熟烂，加入柠檬汁调味即可。

♥ 虾仁金针面 ♥

难易程度：☆☆☆；重点营养：蛋白质； 🍳：煮

材料：龙须面1小把，金针菇50克，虾仁20克，青菜2棵。

调料：植物油、香油各适量。

做法：

① 金针菇洗净，切成小段；青菜洗净，切成末；虾仁切成小颗粒。

② 锅加植物油烧热，放入金针菇翻炒入味。

③ 锅中加入水，并放入虾仁和碎菜，水开后下折成小段的龙须面；面熟后，滴入几滴香油即可。

鱼泥豆腐羹

难易程度：☆☆☆；重点营养：蛋白质；🍳：煮

材料：鱼肉250克，嫩豆腐丁150克，姜末、葱花、水淀粉各适量。

调料：香油少许。

做法：

① 鱼肉加姜末蒸熟，去骨刺，捣烂成鱼泥。

② 锅内加适量水煮沸，放入嫩豆腐丁煮沸，倒入鱼泥，用水淀粉勾芡，加香油、葱花煮成糊状即可。

贴心小叮咛

鱼肉与豆制品含铁丰富，是宝宝补铁的很好选择。

鸡肉油菜粥

难易程度：☆☆☆；重点营养：蛋白质；🍳：煮

材料：大米粥100克，鸡肉20克，油菜叶10克。

做法：

① 将鸡肉煮熟切碎；油菜叶氽烫至熟，切碎后备用。

② 将鸡肉加入大米粥中煮开，待鸡肉煮软即可加入油菜，1分钟后熄火即可。

贴心小叮咛

鸡肉切成末可锻炼宝宝的咀嚼能力。油菜中含有丰富的维生素、矿物质和纤维素，有利于促进宝宝的新陈代谢功能。

♥ 猕猴桃汁 ♥

难易程度：☆☆☆；重点营养：维生素 C；👩‍🍳：榨汁

材料：新鲜猕猴桃2个。

做法：

① 猕猴桃去皮，切块。

② 将猕猴桃块放入榨汁机中，加水搅拌榨汁，倒入碗中即可给宝宝喂食。

贴心小叮咛

猕猴桃可促进生长激素分泌，婴幼儿可适量食用。

♥ 红枣泥 ♥

难易程度：☆☆☆；重点营养：铁；👩‍🍳：煮

材料：鲜红枣3~5个。

做法：

① 鲜红枣洗净后放入锅中，加适量水煮20分钟左右，至烂熟。

② 去枣核，用勺子压成枣泥即可。

贴心小叮咛

红枣本身含糖就很高，制作时不要再加糖。

♥ 深海鱼肉泥 ♥

难易程度：☆☆☆；重点营养：DHA；👩‍🍳：煮

材料：深海鱼肉50克。

做法：

① 将鱼肉洗净，放入沸水中汆烫，捞出后去除鱼皮、鱼刺。

② 将鱼肉捣碎，然后用干净的纱布包起来，挤去水分。

③ 将鱼肉放入锅内，加入适量开水，用大火熬煮10分钟，至鱼肉软烂即可。

鱼肉粥

难易程度：☆☆☆；重点营养：蛋白质；🍳：煮

材料：大米50克，鱼肚肉30克。

做法：

① 大米淘洗干净后放入锅内，倒入适量水，以大火煮沸，改小火熬至黏稠。

② 鱼肚肉蒸熟，去刺后碾成泥。

③ 将鱼肉泥放入粥内搅拌均匀，再用小火熬煮片刻即可。

三文鱼粥

难易程度：☆☆☆；重点营养：不饱和脂肪酸；🍳：煮

材料：三文鱼50克，大米40克。

调料：香油、干淀粉各少许。

做法：

① 将三文鱼洗净，去除刺后剁成泥，拌入干淀粉。

② 将大米与拌好的鱼泥搅匀，放入锅内，加适量水，用大火煮熟软，出锅后加香油调味即可。

鸭肉米粉粥

难易程度：☆☆☆；重点营养：蛋白质；🍳：煮

材料：鸭胸脯肉、米粉各50克。

做法：

① 鸭胸脯肉洗净剁碎，放入油锅中炒至熟烂。

② 将米粉用清水调开后倒入锅内，加温水拌匀，煮沸后加入鸭肉末，继续煮5分钟即可。

贴心小叮咛

鸭肉富含蛋白质和不饱和脂肪酸，可为宝宝提供能量。

小·白菜玉米粉粥

难易程度：☆☆☆；重点营养：钙；🍳：煮

材料：小白菜、玉米粉各50克。

做法：

① 小白菜洗净，放入沸水中汆烫，捞出后切成末。

② 将玉米粉用温水搅拌成浆，再加入小白菜末搅拌均匀。

③ 锅置火上，加适量水煮沸，把小白菜末和玉米粉浆下锅，大火煮沸即可。

菠菜土豆肉末粥

难易程度：☆☆☆；重点营养：胡萝卜素；🍲：煮

材料：新鲜菠菜50克，土豆40克，蒸熟肉末、大米粥各适量。

做法：

① 将新鲜菠菜洗净，汆烫后剁成泥。

② 土豆蒸熟去皮，压成泥状。

③ 将大米粥、熟肉末、菠菜泥、土豆泥一起放入锅内，用小火煮开至煮烂后即可。

蔬菜蛋羹

难易程度：☆☆☆；重点营养：硒；🍲：蒸

材料：西蓝花、菜花、西红柿、熟鸡蛋黄各适量。

调料：清高汤、配方奶粉各适量。

做法：

① 将西蓝花、菜花煮熟切末；西红柿去皮切块。

② 蛋黄、清高汤和配方奶粉搅拌均匀，放入西蓝花末、菜花末和西红柿块，盛入容器中，放入蒸锅中蒸至蛋羹熟透即可。

肉末鸡蛋糊

难易程度：☆☆☆；重点营养：蛋白质；🍳：煮

材料：鸡蛋1个。

调料：肉末、肉汤各1大匙。

做法：

① 将肉末放入锅内，加肉汤煮至汤浓肉烂即可。

② 放入打散后调匀的鸡蛋液，小火煮熟，盛出晾凉即可。

豆腐糊

难易程度：☆☆☆；重点营养：蛋白质；🍳：煮

材料：北豆腐50克。

做法：

① 北豆腐洗净后放入锅中，加适量水，一边煮一边把北豆腐压碎。

② 北豆腐煮好后，放入碗中，接着研磨，至北豆腐看似光滑即可。

苹果藕粉

难易程度：☆☆☆；重点营养：锌；🍳：煮

材料：苹果75克，藕粉50克。

做法：

① 苹果洗净后去皮，制成泥。

② 藕粉中加入适量水调匀。

③ 锅置火上，加入适量水以大火煮沸，改小火，倒入藕粉，边煮边搅拌。

④ 煮至藕粉透明后，再加入苹果泥稍煮片刻即可。

猪肝末煮西红柿

难易程度：☆☆；重点营养：维生素A；🍳：煮

材料：猪肝50克，西红柿1个。

做法：

① 将猪肝洗净剁碎。

② 西红柿洗净，略汆烫后剥去皮切碎。

③ 将猪肝放入锅内，加入清水煮沸，然后加入西红柿碎煮至熟烂即成。

菠菜橙汁

难易程度：☆☆；重点营养：维生素C；🍳：榨

材料：橙子50克，菠菜10克，葡萄5颗，配方奶200毫升，儿童蜂蜜1小匙。

做法：

① 菠菜洗净，切段，焯烫后沥干；橙子去皮，切块；葡萄洗净。

② 将葡萄放入榨汁机中，并加入菠菜段、橙子块、凉开水、配方奶及儿童蜂蜜搅打成汁即可。

猪肝菠菜粥

难易程度：☆☆☆；重点营养：铁；🍳：煮

材料：猪肝200克，菠菜1棵，大米2杯。

调料：盐2小匙。

做法：

① 大米淘洗干净，加适量水以大火煮沸，煮沸后转小火煮至米粒软熟。

② 猪肝洗净，切片；菠菜取叶，洗净，切段。

③ 加猪肝片入粥中煮熟，下菠菜煮沸，加盐调味即可。

南瓜鱼茸羹

难易程度：☆☆☆；重点营养：铜；🍲：煮

材料：熟南瓜泥、草鱼腩各300克，高汤500毫升，姜片、葱段各适量。

调料：盐、胡椒粉、植物油各适量，荸荠粉3大匙。

做法：

① 草鱼腩加入姜片、葱段及少许油蒸熟，压成茸。

② 煲中注入高汤，加入熟南瓜泥及草鱼茸煮至汤沸，放入盐、胡椒粉、荸荠粉调味即可。

黄瓜猪肉粥

难易程度：☆☆☆；重点营养：铁；🍲：煮

材料：粳米100克，黄瓜半根，猪瘦肉末适量。

调料：盐、酱油各少许。

做法：

① 黄瓜洗净切成小丁；猪瘦肉末加盐、酱油腌拌10分钟左右。

② 将粳米淘洗干净，再加水放入锅内，用大火煮开；约20分钟米煮烂后，将黄瓜丁、猪瘦肉末放入一起煮熟即可。

草莓豆腐羹

难易程度：☆☆☆；重点营养：维生素C；🍲：煮

材料：配方奶150毫升，婴儿米粉40克，煮熟捣烂的豆腐适量。

调料：草莓酱1勺。

做法：

① 起锅加水，倒入婴儿米粉煮开；再加入配方奶，一边加入一边搅拌；加入捣烂的豆腐，继续搅拌。

② 最后加入草莓酱搅匀即可。

肉末蒸蛋

难易程度：☆☆☆；重点营养：硒；🍳：蒸

材料：鸡蛋2个，猪肉末、葱末各少许。

调料：盐、生抽、料酒、胡椒粉各适量。

做法：

① 鸡蛋打散，用滤网将蛋液过滤一遍，加少量清水搅匀。

② 将蛋液放入蒸锅内，以大火蒸10分钟左右。

③ 另起锅，锅内倒少许油，加入所有调料和猪肉末煸炒，直至猪肉末熟透。

④ 10分钟后，取出蒸蛋，用筷子轻轻碰一下蛋液的表面，当其已成型后，撒入已炒好的猪肉末，盖上蒸锅，再蒸2分钟左右，起锅前撒葱末即可。

紫菜虾皮蛋花汤

难易程度：☆☆；重点营养：蛋白质；🍳：煮

材料：紫菜40克，虾皮25克，鸡蛋2个（取蛋清）。

调料：酱油、醋各1小匙，香油适量，料酒50毫升。

做法：

① 将紫菜用水泡发，洗净后撕块；虾皮洗净，放入水中泡软，再捞出后沥干水分，加酱油、醋、料酒拌匀，稍腌片刻。

② 油锅烧热，加入清水及虾皮，大火煮沸后放入紫菜块，3分钟后再倒入鸡蛋清，待蛋清凝固后淋入适量香油拌匀即可。

♥ 水果蔬菜牛肉粥 ♥

难易程度：☆☆☆；重点营养：肌氨酸；🍲：煮

材料：大米200克，酱牛肉100克，胡萝卜丁、甘薯丁、梨丁、冬瓜丁各适量。

做法：

① 大米洗净，酱牛肉切碎块。

② 大米煮至八成熟的粥。

③ 在粥中加入酱牛肉碎块、甘薯丁、胡萝卜丁、梨丁、冬瓜丁，煮熟即可。

♥ 苹果鱼泥 ♥

难易程度：☆☆；重点营养：锌；🍲：煮

材料：鱼肉、苹果各适量。

做法：

① 鱼肉放入耐热容器中淋适量水，用保鲜膜封起，放入微波炉中加热至熟，取出捣碎。

② 苹果磨成泥，与捣碎的鱼肉一起放入锅里煮片刻即可。

♥ 胡萝卜酸奶糊 ♥

难易程度：☆☆；重点营养：乳酸菌；🍲：煮

材料：胡萝卜1/10个，面粉1小匙，圆白菜10克。

调料：酸奶1大匙，肉汤3大匙，黄油适量。

做法：

① 圆白菜、胡萝卜均洗净，切成细丝。

② 用黄油将面粉稍炒一下，加入肉汤、蔬菜一起煮，并轻轻地搅动，将煮好的糊冷却后与酸奶拌在一起搅匀即可。

蒸梨羹

难易程度：☆☆☆；重点营养：果酸；🍳：蒸

材料：梨1个，川贝母、陈皮各2克，糯米饭15克。

调料：冰糖10克。

做法：

① 将梨挖去梨心，川贝母研粉，陈皮切丝，糯米蒸熟，冰糖压成细末。

② 把冰糖、川贝母粉、糯米饭、陈皮丝装入梨内，加入适量清水，放入蒸杯内，上锅蒸45分钟即可。

豆浆南瓜汤

难易程度：☆☆；重点营养：硒；🍳：煮

材料：豆浆1小碗，南瓜250克，干百合30克。

调料：儿童蜂蜜15克。

做法：

① 南瓜去皮，洗净，切块；干百合用水浸泡。

② 锅置火上，倒入适量清水，放入南瓜块和百合，以大火煮沸后，转小火炖至南瓜块熟软。

③ 倒入豆浆煮沸，调入儿童蜂蜜搅匀即可。

薏苡仁黑豆浆

难易程度：☆☆；重点营养：维生素E；🍳：煮

材料：黑豆100克，薏苡仁50克。

调料：白糖2小匙。

做法：

① 薏苡仁、黑豆洗净，浸泡4小时，洗净后沥干。

② 薏苡仁放入锅内，加适量水煮成米饭。

③ 将薏苡仁饭和黑豆放入榨汁机内，加入水搅打出生浆汁，再倒入锅中，加入白糖煮熟即可。

第七章

11 个月，
颗粒食物吃出健康牙齿

快满周岁了，爸爸妈妈可以开始慢慢给宝宝断奶了。

11 个月大的时候，宝宝大概长出 4~6 颗乳牙，咀嚼能力和吞咽能力加强。

这个时候，宝宝白天的进食时间可以与大人相同，主食、碎菜都可以吃了。

但不要给宝宝吃大人的饭菜，成人饭菜里调味品过多，不适合宝宝食用。

11 个月宝宝的喂养重点：来点"硬"有助坚固牙齿

第 11 个月，正是宝宝断奶的关键时期，可以用配方奶粉来代替母乳。宝宝断奶后，在给宝宝的饮食上，应多提供谷类食品。

宝宝吃的食物开始明显增加，基本上和大人吃一样的食物。这因为是宝宝的下颌功能已经越来越发达了，硬一点的食物有助宝宝练习咀嚼。不过，宝宝的小牙还不能用力咀嚼，所以也不能急于吃过硬的食物，仍要比大人的食物略微松软一些，一般稍用力就能捏碎的硬度比较合适。一般宝宝可以吃的主食有软米饭、面条、包子、面包等，辅食有蔬菜、水果、肉、蛋、鱼肉等。

不过，此时尽量还是单独给宝宝烹调，烹制的味道清淡一点儿，这样才能更适合宝宝的饮食需求。

一日食谱营养搭配举例（11 月龄）

	时间	喂养方案
上午	7：00	母乳喂养或喂约 220 毫升配方奶
	9：30	鱼肉泥 20 克、大米稀饭 20 克、蔬菜碎末 20 克
	11：00	水果粒 20 克
下午	13：00 ～ 13：30	母乳喂养或喂约 220 毫升配方奶
	15：00	母乳喂养、新鲜果汁 100 毫升
	17：00	肉馅包子 40 克
晚间	20：30	喂 200 ～ 220 毫升配方奶

﹡ 因每个孩子的作息时间及食量不同，以上营养方案仅作为参考使用。后同。

关于宝宝吃饭的那些问题：专家答疑

Q：如何给宝宝断奶？

A： 大体来说，可从以下两个方面来给宝宝断奶：首先，要逐渐减少白天喂母乳的次数，然后再过渡到夜间，可用配方奶逐渐取代母乳。其次，断奶期间，最好不要让宝宝看到或触摸到妈妈的乳头，否则很难顺利断奶。另外，一旦断了奶，就不要让宝宝再吃母乳，否则就会前功尽弃。

Q：宝宝偏食怎么办？

A： 这个阶段的宝宝身心发育都有了很大的提高，并有了喜厌之分，对食物也不例外；对喜欢的食物，宝宝会多吃一点，而对不喜欢的食物，会少吃甚至不吃。如果宝宝出现这样的饮食情况一两次，可能是正常情况，但宝宝长时间对饮食表现得好恶分明，就要考虑宝宝是不是出现了偏食的情况。宝宝偏食是一种不良的饮食习惯，爸爸妈妈们发现后要及时纠正，否则不利于宝宝身体发育。一般可以采取以下几点措施进行改善：首先，对于宝宝爱吃的食物，不能放纵地让宝宝吃，最好隔几顿或几天吃一次，期间用其他营养成分相似的食物代替；其次，对于宝宝不喜欢且营养丰富的食物，妈妈需要在加工、烹调方面努力，使食物在色、香、形、味方面吸引宝宝；最后，宝宝不爱吃一些食物，妈妈也不要用强硬的方式逼迫宝宝，以免适得其反，让宝宝更加厌烦。

Q：宝宝边吃边玩怎么办？

A： 宝宝边吃边玩，会延长摄入食物的时间，影响消化能力，还会影响到下一餐的摄入量。妈妈可以在食物的做法上，多变些花样，别让宝宝天天吃一模一样的饭菜，以此让宝宝爱上吃饭；也可以创造一个好的用餐环境，让宝宝有好心情来就餐。但不管怎样，妈妈都不能训斥宝宝，以免对宝宝造成负面心理影响。

五香粉蒸土豆

难易程度：☆☆；重点营养：钙；🍳：蒸

材料：土豆500克，姜、蒜、葱各适量。

调料：荷叶1张，五香粉、生抽、盐、白糖、米粉各适量。

做法：

① 土豆去皮洗净，切小块；荷叶洗净，沥干水分，备用；葱洗净，切末；姜、蒜分别去皮，洗净，切末。

② 锅中倒油烧热，下入土豆块，撒入少许盐，煎至表面微焦，盛出。

③ 土豆块与葱末、蒜末、姜末、白糖、五香粉、生抽拌匀，并撒上米粉。

④ 将洗净的荷叶平铺于蒸笼内，放入土豆块，上锅蒸约20分钟即可。

鸡肉南瓜泥

难易程度：☆☆；重点营养：维生素 A；🍳：煮

材料：去皮南瓜（研碎）、鸡肉末适量。

调料：虾皮汤适量。

做法：

① 往鸡肉末里加入少许虾皮汤煮开，把虾皮捞出切碎。

② 南瓜末加适量开水煮软，再加入鸡肉末煮片刻，倒入虾皮末煮至黏稠即可。

贴心小叮咛

鸡肉富含蛋白质且脂肪含量较低，而南瓜富含维生素 A 和膳食纤维，维 A 有助于宝宝视觉发育，而膳食纤维可以促进肠胃蠕动，预防便秘的发生。

❤ 白菜丝面条 ❤

难易程度：☆☆；重点营养：维生素 C；🍳：煮

材料：面条60克，小白菜叶50克。

调料：清高汤适量。

做法：

① 小白菜叶洗净，切丝。

② 面条放进锅里，加适量清高汤，煮沸后转小火续煮10分钟。

③ 加入小白菜丝煮熟即可。

贴心小叮咛

白菜是宝宝辅食添加最初的蔬菜之一，它含有各种维生素，尤其是富含维生素 C 和膳食纤维，还有各种矿物质及抗氧化物质等，适合宝宝补益身体。

❤ 甘薯泥蒸糕 ❤

难易程度：☆☆；重点营养：蛋白质；🍳：蒸

材料：甘薯泥1大匙，鸡蛋1个（取蛋黄）。

调料：松饼粉2大匙，配方奶粉1大匙。

做法：

① 将配方奶粉与蛋黄搅拌均匀，再加入松饼粉搅拌均匀。

② 将甘薯泥与做法1中的材料拌匀。

③ 入蒸锅蒸12分钟至熟透即可。

贴心小叮咛

甘薯口感绵软，营养丰富，富含膳食纤维，很适合作为宝宝辅食。

♥ 乳酪香蕉糊 ♥

难易程度：☆☆；重点营养：钙；🍲：煮

材料：乳酪25克，蛋黄1/4个，香蕉半根。

调料：熟胡萝卜泥、配方奶适量。

做法：

① 蛋黄压成泥状；香蕉去皮，也压成泥状。

② 将蛋黄泥、香蕉泥、胡萝卜泥、乳酪混合在一起，加水调成浓度适当的糊。

③ 将糊放入锅中煮沸片刻后，加入配方奶即可。

♥ 玉米芋头泥 ♥

难易程度：☆☆；重点营养：纤维素；🍲：搅拌

材料：芋头、嫩玉米粒各50克。

做法：

① 将芋头去皮，切块，加水煮熟；嫩玉米粒煮熟后放入搅拌器中搅拌成玉米茸。

② 将熟芋头块压成泥状，倒入玉米茸拌匀即可。

♥ 甘薯粥 ♥

难易程度：☆☆；重点营养：赖氨酸；🍲：煮

材料：甘薯、大米各50克，水500毫升。

做法：

① 甘薯洗净后去皮，切成小方块。

② 将甘薯块、大米、水放入锅内，先以大火煮沸，再以小火熬熟即可。

♥ 肉蛋豆腐粥 ♥

难易程度：☆☆☆；重点营养：蛋白质；🍳：煮

材料：大米70克，猪瘦肉25克，豆腐15克，鸡蛋1个。

做法：

① 猪瘦肉剁泥；豆腐研碎末；鸡蛋去壳，搅散成蛋液。

② 大米加适量水，小火煮至八成熟时放肉泥继续煮至米熟肉烂。

③ 将豆腐末、鸡蛋液倒入肉粥中，大火煮至蛋熟。

♥ 鸡肉玉米粥 ♥

难易程度：☆☆；重点营养：蛋白质；🍳：煮

材料：鸡胸脯肉（绞肉）20克，熟米饭1/2碗，玉米酱（罐头）20克。

调料：水淀粉适量。

做法：

① 鸡胸脯肉加入少许水淀粉拌匀。

② 锅中加入适量水，放玉米酱及鸡胸脯肉煮熟，加入熟米饭煮至粥稠即可。

♥ 黑芝麻枸杞粥 ♥

难易程度：☆☆☆；重点营养：B族维生素；🍳：煮

材料：大米100克，熟黑芝麻、枸杞子各少许，配方奶粉2大匙。

做法：

① 大米淘洗干净，加适量清水浸泡30分钟。

② 将泡好的大米放入锅内，加入适量水，大火煮沸，转小火煮至米粒软烂黏稠。

③ 加入配方奶粉，撒上熟黑芝麻、枸杞子即可。

薏苡仁百合粥

难易程度：☆☆☆；重点营养：硒；🍳：煮

材料： 薏苡仁、银耳、百合、碎绿菜叶各适量。

做法：

① 薏苡仁提前泡1天至软；银耳、百合分别放入清水中浸泡30分钟。

② 薏苡仁加水煮至八成熟，加入泡好的银耳、百合，煮熟后加入碎绿菜叶，煮开即可。

贴心小叮咛

薏苡仁清热、利湿，适合宝宝暑期食用，但它不好消化，一次不宜食用过多。

什锦虾仁蒸蛋

难易程度：☆☆；重点营养：钙；🍳：蒸

材料： 虾仁60克，青豆1大匙，鲜香菇1朵，鸡蛋1个，豆腐40克。

调料： 柴鱼高汤2大匙。

做法：

① 虾仁去泥肠切小丁；香菇去根，切小丁；豆腐切丁。

② 鸡蛋打散，加入柴鱼高汤拌匀，再放入其他材料，放入蒸锅中，加入适量水蒸熟即可。

贴心小叮咛

虾仁所含磷和钙，可以促进宝宝长高长大，还有助牙齿生长。

♥ 八宝鲜奶粥 ♥

难易程度：☆☆；重点营养：钙；🍳：煮

材料：莲子、红豆、绿豆、薏苡仁、桂圆干、花生、鲜奶、糯米及葡萄干各适量。

做法：

① 锅中加入适量水，煮开后放入莲子、红豆、绿豆、薏苡仁、花生、糯米，大火煮开后改小火焖煮至黏软，放入桂圆干和葡萄干。

② 稍微煮片刻后倒入鲜奶，煮开即可。

贴心小叮咛

桂圆补血益气，但性温热，多吃容易上火，即便宝宝爱吃，妈妈也不宜给宝宝吃太多。

♥ 三文鱼菜饭 ♥

难易程度：☆☆☆；重点营养：脂肪酸；🍳：煮

材料：三文鱼、菠菜叶、米饭各适量。

做法：

① 菠菜叶洗净，切末；三文鱼蒸熟后去骨，捣碎鱼肉。

② 米饭煮沸后加入三文鱼肉，转用小火继续熬煮。

③ 待米饭熟烂后加入菠菜末，煮沸即可。

贴心小叮咛

三文鱼中的不饱和脂肪酸非常有益于宝宝的大脑发育。但对鱼类过敏的宝宝忌食这款配餐。

❤ 彩色蛋泥 ❤

难易程度：☆☆☆；重点营养：铁；👨‍🍳：蒸

材料：熟鸡蛋1个，胡萝卜1/2根。

调料：盐少许。

做法：

① 胡萝卜洗净，切丝，加少量水煮至胡萝卜丝熟烂，碾成泥糊状后盛出；将熟鸡蛋的蛋白、蛋黄分别碾碎，并各自加入少量盐拌匀。

② 蛋黄放入小盘中，蛋白放在蛋黄上，上蒸笼用中火蒸7～8分钟，取出，和胡萝卜泥搅拌即成。

❤ 栗子白菜大米粥 ❤

难易程度：☆☆☆；重点营养：核黄素；👨‍🍳：煮

材料：栗子、小白菜各30克，大米粥3大匙。

做法：

① 将栗子、小白菜分别放入锅中，加入适量水后煮熟，捞出捣烂。

② 将大米粥捣烂后盛入小碗内。

③ 将煮过并捣烂的栗子、小白菜放入大米粥里拌匀即可。

❤ 鲜香牛肉面 ❤

难易程度：☆☆☆；重点营养：肌氨酸；👨‍🍳：煮

材料：牛肉丝2大匙，细面条30克，菠菜100克。

调料：骨头汤、盐各适量。

做法：

① 菠菜洗净，氽烫后切末；牛肉丝切小段；细面条切小段，备用。

② 将骨头汤放入锅中加热至沸腾，放入牛肉丝煮熟。

③ 放入细面条，加菠菜末，煮熟后放盐调味即可。

♥ 果仁粥 ♥

难易程度：☆☆☆；重点营养：B族维生素；🍲：煮

材料：大米、花生、核桃仁各适量。

做法：

① 花生、核桃仁剁碎末。

② 将大米、花生加入适量水煮成粥。

③ 粥煮至八成熟时放入核桃仁，也可以适量加一点儿白糖，烧煮片刻即可。

♥ 牡蛎紫菜汤 ♥

难易程度：☆☆☆；重点营养：钙；🍲：蒸

材料：鲜牡蛎肉60克，紫菜、姜丝各适量。

调料：清汤、盐各适量。

做法：

① 鲜牡蛎肉洗净，切碎。

② 紫菜清洗后放入大碗中，加入清汤、牡蛎肉片、姜丝。

③ 放入蒸锅蒸30分钟，取出加盐调味即可。

♥ 虾仁蔬果粥 ♥

难易程度：☆☆☆；重点营养：维生素；🍲：煮

材料：米饭、虾仁各适量，水蜜桃丁、苹果丁、小黄瓜丁、胡萝卜丁各少许。

调料：白糖适量。

做法：

① 将米饭加适量清水拌匀，倒入锅中，慢煮成粥。

② 粥开锅后，放入水蜜桃丁、苹果丁、小黄瓜丁、胡萝卜丁、虾仁拌匀，用中火煮至虾仁熟后，放入白糖调味即可。

甘薯小·泥丸

难易程度：☆☆☆；重点营养：纤维素；🍳：煮

材料：甘薯200克。

调料：黄油20克，牛奶1大勺。

做法：

① 甘薯煮熟、去皮后碾成泥。

② 锅置火上，放入甘薯泥、黄油，待黄油受热融化后加入牛奶搅拌均匀。

③ 将甘薯泥放入保鲜膜内捏成丸子，拆下保鲜膜，将丸子排在盘中即可。

苹果金团

难易程度：☆☆；重点营养：锌；🍳：煮

材料：苹果、甘薯各50克。

调料：儿童蜂蜜少许。

做法：

① 将甘薯洗净去皮，切碎后煮软。

② 把苹果去皮、籽后切碎，煮软，与甘薯碎混合均匀，加入少许儿童蜂蜜拌匀即可。

猪血豆腐青菜汤

难易程度：☆☆☆；重点营养：铁；🍳：煮

材料：猪血、豆腐各200克，青菜、虾皮各适量。

调料：盐适量。

做法：

① 猪血、豆腐洗净，切成小块；青菜洗净，切碎。

② 锅置火上，加适量水，水开后，加入虾皮、适量盐。

③ 加入豆腐、猪血、青菜，煮3分钟即可。

第八章

12 个月，
建立一日三餐饮食习惯很重要

　　一周岁了，将近一年的过渡，宝宝的主食终于从乳类过渡到谷物类。**12 个月以上的宝宝微量元素缺乏很普遍，一定要注意营养的全面性。**

　　一日三餐最好包含谷类、肉、蛋、奶、鱼等。

　　另外，餐后还要加两次点心或是水果，以保证宝宝的健康生长。

12个月宝宝的喂养重点：一日三餐全面摄取营养

12个月龄时，宝宝满周岁了，成长速度明显放缓，整天忙着蹒跚学步、爬这爬那了。此时，经过大半年的辅食喂养过程，大多数宝宝已经可以吃很多种类的辅食了。

这段时期，爸爸妈妈们可逐渐帮宝宝养成以一日三餐为主的进餐习惯，且早、晚以母乳或配方奶作为补充。其中食物的搭配要合理且营养丰富，如蛋白质、糖类、维生素等都必不可少，可以通过各类食物，如谷物、肉、鱼、水果和蔬菜进行补给。

宝宝的饭菜要做得细一些、软一些，做到色、香、味俱佳。每隔3~4天就添加一个新品种，要从少量开始，而且要定时定量，把米粥、面食作为主食，在大人进餐时也让宝宝吃饱。不要让宝宝吃零食。

一日食谱营养搭配举例（12月龄）

	时间	喂养方案
上午	7：00	喂约150毫升母乳或配方奶、20克麦片
	9：30	饼干20克、母乳或配方奶约150毫升
中午	12：00~12：30	炒菜100克、面食和菜汤各适量
下午	15：30	肉馅面食适量、新鲜水果100克
	18：00	鸡蛋面150克
晚间	21：00	喂约220毫升母乳或配方奶

＊因每个孩子的作息时间及食量不同，以上营养方案仅作为参考使用。后同。

关于宝宝吃饭的那些问题：专家答疑

Q：周岁宝宝怎样吃水果？

A： 大多数水果中含有丰富的维生素，多吃水果对宝宝成长发育非常有好处。对于已满周岁的宝宝，一般可以直接把水果削皮后给他吃，这样口感会更好些。另外，宝宝吃什么水果也没有特别的限制，只要是应季的新鲜水果就可以。但要注意的是，很多水果都有籽，如葡萄、龙眼等，给宝宝吃的时候，要剔除里面的籽，以免影响宝宝的消化。还有一些比较硬的水果，如苹果、梨等，最好切成片后再给宝宝吃。

Q：什么时候能给宝宝喂酸奶？

A： 实际上，宝宝并非完全不能喝酸奶，但酸奶的营养价值低于配方奶粉，所以不宜用酸奶替代配方奶粉。当然，偶尔给宝宝喝一点是可以的，但不能长期给宝宝饮用。另外，宝宝常喝酸奶，还会养成对甜食的偏好。鉴于此，1 岁以后添加更为合适。给宝宝选酸奶时要注意，不要将酸奶与乳酸菌饮料或酸奶饮料混淆，因为后两种并非酸奶，而是饮料。

Q：为什么总觉得宝宝吃不饱？

A： 妈妈一定要在宝宝小时候就帮助宝宝养成良好的进食习惯，这其中也包括养成只在饥饿时进食的习惯。很多大人就是因为有不良的饮食习惯，如吃饭时间不固定，或是感到无聊了就吃东西等，才成为肥胖症患者的。所以，宝宝不饿的时候，妈妈一定不要强迫宝宝吃东西。如果妈妈也不知道宝宝到底是不是吃饱了，不妨一次多准备几样食物让他挑。如果宝宝只是吃一口就不再吃了，说明他已经饱了，无须再喂，更不要强迫他吃。

Q：宝宝只爱吃肉不爱吃蔬菜怎么办？

A： 肉类的营养价值很高，是宝宝生长发育所必需的食物，但如果宝宝只爱吃肉而不吃蔬菜的话，就可能会出现一些营养上的问题。要纠正宝宝只爱吃肉的习惯，可以试试下列方法：少用大块肉，尽量将肉与蔬菜混合；利用肉类的香味来改善蔬菜的味道，可有效提高宝宝对蔬菜的接受程度；尽量选购低脂肉类。妈妈要尽量改善蔬菜的烹调及调味方法，把蔬菜做得好吃些。

♥水果豆腐♥

难易程度：☆☆；重点营养：蛋白质；🍴：拌

材料：嫩豆腐30克，草莓15克，去皮橘子3瓣，西红柿15克。

做法：

① 豆腐入沸水中汆烫至熟，捣成泥。

② 草莓洗净，去蒂，切碎；橘子切碎；西红柿去皮、切碎。

③ 将所有材料倒入碗中拌匀即可。

贴心小叮咛

水果的营养成分和营养价值与蔬菜相似，是人体维生素和无机盐的重要来源之一；而豆腐蛋白属完全蛋白，含有人体必需的8种氨基酸，营养价值也非常高。

♥鲜虾米粉泥♥

难易程度：☆☆☆；重点营养：钙；🍴：蒸

材料：鲜虾50克，米粉3大匙。

调料：香油、盐各少许。

做法：

① 鲜虾去皮，去虾线，洗净，捣碎。

② 碎虾肉加适量水和米粉，上蒸锅以中火蒸熟。

③ 加入香油、盐搅拌均匀即可。

贴心小叮咛

虾肉具有味道鲜美、营养丰富的特点，蛋白质含量是鱼、蛋、奶的几倍到几十倍，还含有丰富的维生素A、B族维生素及钙质，且其肉质松软，宝宝食用也易吸收。

💗 南瓜百合粥 💗

难易程度：☆☆☆；重点营养：生物碱；🍳：煮

材料：鲜百合10克，南瓜、大米、糯米各50克。

做法：

① 南瓜去皮去瓤，切成小丁；大米、糯米淘洗干净；鲜百合剥去外皮，褐色部分去掉，清洗干净备用。

② 锅中加入适量清水煮沸，放入淘洗干净的大米、糯米，大火煮10分钟左右，再放入南瓜丁、鲜百合煮约20分钟，至米熟即可。

💗 火腿玉米粥 💗

难易程度：☆☆☆；重点营养：B族维生素；🍳：煮

材料：大米150克，火腿、玉米粒、芹菜、香菜各适量。

调料：盐、香油、高汤各适量。

做法：

① 大米浸泡约30分钟；火腿切丁；芹菜切末。

② 锅内加入高汤煮开，放入大米，先用大火煮开，再用小火熬煮至米熟，倒入火腿丁、玉米粒，煮约10分钟，然后加入盐、香油、芹菜末、香菜拌匀即可。

💗 西红柿鳕鱼粥 💗

难易程度：☆☆；重点营养：镁；🍳：煮

材料：西红柿1/5个，西蓝花1/2个，鳕鱼肉20克，大米粥适量。

做法：

① 西红柿去皮、籽，切成小块；西蓝花煮软切碎；鳕鱼煮熟去皮、刺，撕碎。

② 将大米粥和其他材料放在碗中搅拌，在锅中加热5分钟即可。

♥ 酸奶土豆泥 ♥

难易程度：☆☆；重点营养：钙；🍲：蒸

材料：土豆1/4个。

调料：酸奶2匙。

做法：

① 将土豆蒸熟，用勺背压成泥，也可以做成宝宝喜欢的动物形状。

② 土豆泥晾凉后在上面淋上酸奶即可。

♥ 黑豆鸡蛋粥 ♥

难易程度：☆☆；重点营养：维生素 E；🍲：炖

材料：黑豆100克，黑米30克，黑芝麻20克，鸡蛋1个，冰糖适量。

做法：

① 鸡蛋煮熟去壳；黑豆、黑米、黑芝麻分别淘洗干净。

② 锅内加入适量水，放入黑豆、黑米及黑芝麻，用大火煮沸后改用小火炖35分钟。

③ 加入冰糖、鸡蛋拌匀即可。

♥ 胡萝卜豆腐泥 ♥

难易程度：☆☆；重点营养：胡萝卜素；🍲：煮

材料：胡萝卜30克，豆腐50克。

调料：海带汤适量。

做法：

① 胡萝卜洗净后切成薄片，煮熟，碾碎成泥。

② 豆腐用沸水汆烫一下，捞出，用叉子挤成碎泥。

③ 锅置火上，倒入海带汤，放入胡萝卜泥和豆腐泥，煮至烂熟即可。

丝瓜香菇汤

难易程度：☆☆☆；重点营养：维生素C；👨‍🍳：煮

材料：丝瓜100克，香菇30克，葱、姜各适量。

调料：植物油少许。

做法：

① 丝瓜去皮、籽洗净，切片；香菇泡软去蒂，洗净切丝；葱、姜剁细末。

② 锅加植物油烧热，放香菇炒一下，加清水煮沸，加入丝瓜片、香菇丝、葱末、姜末，煮熟即可。

鲜香炖鸡

难易程度：☆☆☆；重点营养：蛋白质；👨‍🍳：煮

材料：鸡胸脯肉1块，胡萝卜1根，豌豆、香菇适量。

做法：

① 鸡胸脯肉洗净切丁；胡萝卜洗净去皮，切丁；香菇泡软洗净，去蒂切丁。

② 砂锅内放油烧热，放入鸡肉丁，略翻炒后加入胡萝卜丁、香菇丁和适量水，充分搅拌后盖上盖子；小火炖20分钟左右，放入豌豆，再煮5分钟即可。

油煎鸡蛋面包

难易程度：☆☆☆；重点营养：蛋白质；👨‍🍳：煎

材料：全麦面包1片，鸡蛋1个。

调料：植物油少许。

做法：

① 鸡蛋打散取蛋液；煎锅中放入油加热。

② 面包两面蘸上鸡蛋液，放入热油中煎至金黄。

③ 用吸油纸吸去面包上多余的油，再将面包切成手指形即可。

♥ 鸡肉蛋汁面 ♥

难易程度：☆☆；重点营养：蛋白质；🍳：煮

材料：挂面、鸡肉末各20克，胡萝卜泥、菠菜末各10克，鸡蛋1个（打散）。

调料：清高汤适量。

做法：

① 挂面折成短条，用清高汤煮熟。

② 把鸡肉末、胡萝卜泥、菠菜末一起放入清高汤中，加入蛋液搅匀，小火煮至鸡蛋熟即可。

贴心小叮咛

鸡肉是非常常见的肉类食材，也是蛋白质含量很高的食材，鸡肉还含有丰富的铁和钙，宝宝补血长高都管用。

♥ 鱼肉馅馄饨 ♥

难易程度：☆☆☆；重点营养：钙；🍳：煮

材料：鱼肉20克，馄饨皮适量。

调料：香油、清高汤各适量。

做法：

① 取鱼肉去除鱼刺，剁碎后加入适量水，与香油拌成馅，包入馄饨皮中，捏成馄饨。

② 把包好的馄饨放入煮沸的清高汤中煮熟即可。

贴心小叮咛

馄饨制作快、方便易学、吃起来易消化、老少皆宜。

♥南瓜面条♥

难易程度：☆☆☆；重点营养：钴；🍳：煮

材料：南瓜40克，面条80克。

做法：

① 南瓜洗净，去皮，切成小丁，煮熟；面条放入锅中煮至八成熟。

② 将南瓜丁倒入面条中，一边煮一边搅拌，稍煮片刻即可。

贴心小叮咛

南瓜是补充钾、蛋白质和铁元素的良好食材，它的脂肪含量极低，热量也低，但纤维含量很高，并富含大量维生素 A、β - 胡萝卜素和维生素 C、维生素 D、钴等，补充宝宝营养所需，促进宝宝健康成长。

♥鲜肉馄饨♥

难易程度：☆☆☆；重点营养：钙；🍳：煮

材料：鲜肉末1大匙，小馄饨皮6片，肉汤适量，葱末适量。

做法：

① 将鲜肉末、葱末拌成肉馅，包于馄饨皮中，捏成馄饨。

② 用肉汤煮至馄饨熟即可。

贴心小叮咛

猪肉可以补充能量，身体瘦弱的宝宝可以吃猪肉来补充脂肪和蛋白质，此外猪肉中的铁质、钙质和维生素等营养成分均衡，有助于宝宝强筋健骨。

♥ 小白菜鱼泥凉面 ♥

难易程度：☆☆☆；重点营养：钙；🍳：煮

材料：面条20克，小白菜叶1片，鳕鱼10克，西红柿1个，蛋黄泥、清高汤各适量。

做法：

① 将面条切成小段，煮熟后过凉水，放入盘中；小白菜煮软后切碎末；鳕鱼煮熟，去皮、骨后捣成泥。

② 西红柿去皮切丁，与鳕鱼泥、蛋黄泥、小白菜末、面条一同浇上清高汤即可。

♥ 菠菜汤米粉 ♥

难易程度：☆☆；重点营养：铁；🍳：冲调

材料：菠菜叶5片，米粉适量。

做法：

① 菠菜叶洗净后入沸水中焯熟，再加少许开水捣烂。

② 待水凉，滤出菠菜汁，再用菜汁冲调米粉即可。

♥ 果仁黑芝麻糊 ♥

难易程度：☆☆；重点营养：维生素；🍳：煮

材料：核桃仁、花生仁、腰果、黑芝麻、麦片各50克。

做法：

① 先将核桃仁、花生仁分别炒熟，研碎；腰果泡2小时后，切碎；黑芝麻炒熟，研碎。

② 将麦片加适量清水，放在锅中用大火煮沸，放入核桃仁末、花生仁末、腰果末转小火煮5分钟。

③ 最后放入黑芝麻末搅拌均匀即可。

香甜翡翠汤

难易程度：☆☆☆；重点营养：蛋白质；🍳：煮

材料：鸡肉、豆腐各20克，西蓝花10克，鸡蛋1个，香菇末、高汤各适量。

做法：

① 鸡肉洗净后切末；西蓝花洗净，用沸水氽烫熟，切碎；豆腐洗净，压成豆腐泥；鸡蛋打散，搅匀。

② 高汤加水，以大火煮沸后，下入香菇末和鸡肉末；再次煮沸，下入豆腐泥、西蓝花碎和蛋液焖煮3分钟左右即可。

肉泥米粉

难易程度：☆☆☆；重点营养：铁；🍳：蒸

材料：猪瘦肉50克，米粉100克。

调料：香油少许。

做法：

① 将猪瘦肉洗净后剁成泥，加入米粉和香油，搅拌均匀成肉泥。

② 将肉泥加少许水后放入蒸锅，以中火蒸7分钟至熟烂即可。

芙蓉豆腐

难易程度：☆☆☆；重点营养：蛋白质；🍳：煮

材料：内酯豆腐1盒，猪瘦肉50克，西红柿2个，香菜叶适量。

调料：盐、鸡精各适量。

做法：

① 内酯豆腐切片，码盘；猪瘦肉剁成末；西红柿切块。

② 油锅烧热，下西红柿块翻炒成糊状，然后加水煮开，下猪瘦肉末并不断搅拌，加盐、鸡精调味，淋在内酯豆腐片上，放上香菜叶即可。

味噌豆腐

难易程度：☆☆☆；重点营养：蛋白质；🍳：煮

材料：虾仁8只，豆腐1块，新鲜豌豆20克。

调料：盐、干淀粉、味噌、料酒各适量。

做法：

① 豆腐切块；虾仁加盐、料酒、干淀粉抓匀，备用。

② 锅中加适量水，放入新鲜豌豆煮沸，加入豆腐块煮沸，然后加入适量味噌，拌匀。

③ 放入腌好的虾仁，待汤汁煮沸后再炖片刻即可。

奶肉香蔬蒸蛋

难易程度：☆☆☆；重点营养：钙；🍳：蒸

材料：鸡蛋液、配方奶粉各3大匙，鸡肉块、胡萝卜块、小白菜块、奶酪粉各适量。

做法：

① 鸡蛋液与配方奶粉一同放入碗里搅拌均匀；鸡肉块、胡萝卜块、小白菜块放入沸水中氽烫，捞出盛入容器中。

② 把鸡蛋奶液倒入上述容器中，再撒少许奶酪粉用蒸锅蒸熟即可。

山药鸡丝粥

难易程度：☆☆☆；重点营养：钾；🍳：煮

材料：白饭1碗，山药200克，鸡胸肉80克，青菜1棵。

调料：盐少许。

做法：

① 山药去皮，切条；鸡胸肉切丝；青菜切段。

② 锅中加水煮沸，加入白饭、山药条，以大火煮沸，转小火煮至饭粒软透成粥状，再加入鸡肉丝、青菜段煮熟，起锅前加盐调味即可。

鸡蓉豆腐汤

难易程度：☆☆；重点营养：蛋白质；🍲：煮

材料： 鸡脯肉50克，豆腐30克，玉米仁20克。

调料： 高汤、葱末、盐各适量。

做法：

① 鸡脯肉洗净，剁碎，备用。

② 锅置火上，加入适量高汤，放入碎鸡肉、玉米仁煮沸；豆腐冲洗干净，捣碎，加入高汤中，撒入葱末，调入少许盐即可。

贴心小叮咛

宝宝在生长发育时，蛋白质及钙质的补充非常重要。豆腐和鸡蓉就都是这两种营养素的最佳提供者。

营养疙瘩汤

难易程度：☆☆☆；重点营养：蛋白质；🍲：煮

材料： 猪瘦肉、面粉各100克，菠菜50克，鸡蛋1个，紫菜、葱花、姜末各适量。

调料： 盐适量。

做法：

① 猪瘦肉洗净后剁成末；菠菜洗净，入沸水中焯烫，捞出切小段；鸡蛋破壳打成蛋液。

② 面粉放入盆内，倒入适量清水，拌出小面疙瘩。

③ 锅加油烧热，爆香葱花、姜末，下肉末煸炒，加适量水煮沸，放入小面疙瘩边煮边搅拌。

④ 倒入鸡蛋液，放入菠菜段、紫菜及少许盐，稍煮即可。

🧡 胡萝卜煮牛肉 🧡

难易程度：☆☆☆；重点营养：钙；🍲：煮

材料：牛肉150克，胡萝卜1/2个，西红柿1个。

调料：牛尾汤1碗、白糖、干淀粉、酱油、香油、盐各适量。

做法：

① 胡萝卜洗净，切片。

② 西红柿洗净，放入开水中汆烫一下，去皮，切碎。

③ 牛肉洗净，切碎，加入酱油、白糖、干淀粉、香油、盐腌渍10分钟。

④ 锅置火上加油烧热，下入碎牛肉炒至半熟时，放入碎西红柿略炒片刻后，加入胡萝卜片、牛尾汤及少许盐，以小火煮约10分钟即可。

🧡 牛肉蔬菜汤 🧡

难易程度：☆☆☆；重点营养：维生素；🍲：煮

材料：牛里脊片200克，洋葱100克，胡萝卜、土豆、香菇、香菜各适量。

调料：盐、白糖各少许，牛骨高汤600毫升。

做法：

① 洋葱、胡萝卜、土豆去皮，洗净，切丁；香菇去蒂，洗净，切丁；牛里脊片洗净。

② 锅中倒油烧热，先放入洋葱丁炒香，再加入胡萝卜丁、土豆丁、香菇丁炒匀，倒入牛骨高汤和盐、白糖煮沸，最后加入牛里脊片煮至水沸，撇去浮沫即可。

第九章

1~3 岁，
多吃粮食更聪明

一周岁以上的宝宝，在各方面都越来越接近大人。

1~3 岁的宝宝，饮食越来越接近大人，可以享受更多营养美味的食物了。

为了维持宝宝正常生理功能和满足生长发育的需要，

爸爸妈妈一定要注意宝宝饮食的全面性与均衡性，

全面摄入主食、蛋奶、肉类、蔬果等。

1~3岁宝宝的喂养重点：粮食为主全面摄取，大脑更聪明

1岁至1岁半的宝宝对各种营养的需要量仍然较高，在饮食结构上，应该由以奶为主逐渐过渡到以粮食、奶及奶制品、蔬菜、鱼肉、蛋为主的混合饮食。另外，这时期的宝宝咀嚼能力还不够发达，所以宝宝的食物应单独加工、烹调，加工要细，体积不宜过大，要少用油炸的烹调方式。此外，宝宝1岁后可以多吃些水果，且以当季水果为宜。

从1岁半开始，宝宝饮食的种类和制作方法也开始向成人过渡，但此时宝宝仍不能完全吃大人的食物，制作的食物要易消化、软硬适度。这一阶段的宝宝饮食主要以混合食物为主，保证膳食均衡。

2岁以后的宝宝，在饮食上可以增加更多的食物种类，以保证饮食均衡，进餐规律。另外，这一阶段的宝宝虽然消化能力明显增强，但食物仍应与大人有所区别，在烹调食物时要细软，易于咀嚼和消化，并且少放调味品。

2岁半至3岁的宝宝一般已长出20颗牙齿，咀嚼能力增强，大人的许多食物他们也都可以吃了。另外，此阶段的宝宝生长发育处于快速期，腹部、背部等部位的肌肉较为发达。因此，要注意给宝宝补充充足的营养素，以免由于营养缺乏而诱发贫血或佝偻病。

一日食谱营养搭配举例（1~3岁）

1岁至1岁半宝宝一日营养搭配

时间		喂养方案
上午	8：30	温开水100毫升
	9：00	面包2片、配方奶或母乳250毫升、小苹果1个
中午	12：00	米饭1/3碗、鸡蛋1个、儿童肠1/2根、蔬菜适量
下午	15：00	饼干3~5片、配方奶或母乳200毫升
	18：00	米饭1/3碗、鱼肉及猪瘦肉或蔬菜适量
晚间	21：00	配方奶或母乳200毫升

1岁半至2岁宝宝一日营养搭配

	时间	喂养方案
上午	8：00	100毫升温开水
	8：30	酸奶1杯、面包1片或面条1小碗
	10：00	配方奶或母乳150毫升、小点心1块
中午	12：00～12：30	米饭1/2碗、鱼（接近成人量）、蔬菜适量
下午	15：30	香蕉或苹果100克、煮鸡蛋1个、配方奶或母乳120毫升
	18：00	米饭1/3碗、鱼（接近成人量）或红肉（成人量的1/3）、蔬菜适量
晚间	21：00	配方奶或母乳200毫升

2岁至2岁半宝宝一日营养搭配

	时间	喂养方案
上午	8：00	温开水100毫升
	8：30	馒头50克、米粥100克、炒菜1小碗
	10：00	配方奶150毫升、蛋糕2块
中午	12：00～12：30	软米饭1/2碗、肉类食物100克、蔬菜汤1小碗
下午	15：00	面包2片、酸奶100毫升、水果50克
	18：00	米饭1/2碗、炒菜120克
晚间	21：00	配方奶250毫升、点心2块

2岁半至3岁宝宝一日营养搭配

	时间	喂养方案
上午	8：00	100毫升温开水
	8：30	配方奶150~200毫升、蛋糕80克、果茜10克、炒菜1小盘
中午	12：00～12：30	馒头60克、肉炖汤100毫升
下午	15：30	豆奶200毫升、面包2片、水果100克
	18：00	蔬菜馅饼100克、米粥1碗
晚间	21：00	配方奶250毫升

关于宝宝吃饭的那些问题：专家答疑

Q： 宝宝吃饭不规律怎么办？

A： 宝宝不能定时定量进食，可能是没有养成规律的生活习惯所致。所以，妈妈帮助宝宝建立正常规律的饮食"生物钟"非常重要，它是反映宝宝是否健康的基本标志，妈妈应抓紧时间进行训练。比如，妈妈可以为宝宝制定一个生活时间表，每天严格安排宝宝的饮食。此外，要训练宝宝建立规律的饮食"生物钟"，必须使胃定时排空，控制零食的摄入量。如果没到吃饭时间，宝宝饿了，但还不是很饿的话，不妨采用给宝宝讲故事、听音乐等方法分散宝宝的注意力，到吃饭的时候再进食。

Q： 宝宝吃水果越多越好吗？

A： 水果虽好，但也不可过量食用。家长给宝宝吃水果时应注意以下几点：购买水果时应首选当季水果，每次买的数量也不要太多，现吃现买，防止储存时间过长，导致水果的营养成分降低甚至霉烂；饱餐之后不要马上给宝宝吃水果，餐前也不是吃水果的最佳时间，把吃水果的时间安排在两餐之间，如午睡醒来之后，给宝宝吃一个苹果或橘子就很好；水果不能代替蔬菜，因为水果与蔬菜的营养成分不完全相同，所以二者不可完全互相代替。

Q： 可以给宝宝添加补品吗？

A： 不可以。我们通常说的补，都是因为体虚，而宝宝年幼，各种器官功能相当薄弱，但这并不是虚，而是宝宝的脏器发育尚未成熟，随着宝宝的生长发育，会展现勃勃生机。而且，每个宝宝的生长发育有着自身的规律，不能随意地改变，宝宝并不是虚，也不需补。另外，宝宝的脾胃还比较薄弱，如补品中含有熟地黄、龟板、鳖甲、首乌等中药成分，服用后可能导致上腹胀满、食欲减退、腹泻或便秘等消化道问题。

Q: 宝宝可以吃较硬的食物吗?

A: 应该说,1岁半至2岁的宝宝有了一定的咀嚼和消化能力,所以宝宝能适当接受碎块状食物,这时可以适当给宝宝喂食一些较硬的食物了。这样做对于宝宝的生长发育及补充营养都有好处,而且还能锻炼宝宝吃更丰富的食物。另外,对于这些较硬的食物,一般应该在两餐中间给宝宝吃,正好可以让宝宝磨磨牙床,增强咀嚼能力,也能让宝宝尝试一点儿乐趣,还可以作为宝宝的一种饮食补充。

Q: 为什么不能经常给宝宝吃菜汤拌饭?

A: 许多妈妈为了图方便,而且认为菜汤美味可口,喜欢用汤拌饭给宝宝吃,其实这种做法不利于宝宝的身体健康,一般不建议给宝宝用这种吃法。因为菜汤里带有炒菜时的调味料,比炒熟的蔬菜含盐量大,而宝宝肾脏功能发育还不完全,无法排解大量的盐分,这种吃法易加重肾脏负担,不利于身体健康,而且菜汤里含有太多的油,宝宝吃后也易造成肥胖,因此,不宜常用各种菜汤给宝宝拌饭吃。

Q: 如何锻炼宝宝在餐桌上吃饭的能力?

A: 让宝宝在餐桌上吃饭,不但可以改掉宝宝"边吃边玩、让妈妈追着喂"的坏习惯,还能帮宝宝逐步养成良好的进餐习惯,也有利于增进亲子感情。想要锻炼宝宝在餐桌上吃饭的能力,可以参照下边的方法:首先,给宝宝准备与大人一样的饭菜。现在这个阶段,宝宝可以吃饭桌上的大部分饭菜了。因此,妈妈要尽量根据宝宝一日三餐的要求来做饭菜,这样还能够提高宝宝的进餐兴趣。其次,为宝宝准备专用的餐椅。宝宝此时的身体已经发育得很好,完全能够支撑自己端坐在椅子上,因此妈妈要为宝宝准备好一个专用的餐椅。这样做,不但能让宝宝和父母在一张桌子上吃饭,而且还能培养宝宝形成有规律的进餐时间,防止宝宝淘气不吃饭,对培养宝宝良好的进餐习惯非常有利。

最后,可以让宝宝吃饱后先离开餐桌。当宝宝吃饱后,妈妈就可以让宝宝先离开餐桌了。但是,一定要避免宝宝还没吃完就离开餐桌。这个阶段的宝宝基本都很贪玩,很难安静地长时间待在一个地方。如果宝宝确实不听"劝告","一意孤行"的话,妈妈也不要强制他吃饭,可以让宝宝稍玩一会儿再吃,但要逐渐减少这种情况的发生频率。

❀ 创意健康食谱 ❀

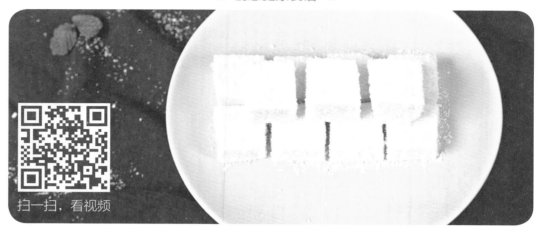

扫一扫，看视频

♥ 雪花糕 ♥

难易程度：☆；重点营养：钙；🍳：煮后冷藏

材料：玉米淀粉60克，牛奶250克，淡奶油50克，生椰汁250克，椰蓉适量。

调料：细砂糖适量。

做法：

① 玉米淀粉加淡奶油、适量生椰汁，搅拌成淀粉浆（若要入口即化的效果，可减少1/3的淀粉）。

② 将牛奶和剩余的生椰汁倒入锅中，加糖，中火加热，不断搅拌至煮沸。

③ 将淀粉浆倒入煮沸的牛奶锅中，不断搅拌防止粘锅，续煮数分钟后熄火，熄火后继续搅拌成糊状。趁热把奶糊倒入碗中，盖好并放入冰箱冷藏3小时以上。

④ 准备一块干净的砧板，将碗倒扣，切成方块，沾上椰蓉即可。

椰汁、椰蓉含有的营养成分较多，包括糖类、蛋白质、B族维生素、维生素C，以及钙、磷、铁等矿物质，加上牛奶，可以成为一道既营养又美味的点心。

♥ 椰子炖蛋 ♥

难易程度：☆☆；重点营养：植物油脂；👨‍🍳：蒸

材料：椰子1个，鸡蛋2个，牛奶150毫升。

配料：白糖10克。

做法：

① 椰子顶部敲开一个洞，倒出椰汁备用。

② 在椰子上方1/3处锯开，形成一个椰碗和碗盖，洗净备用。这个过程稍微复杂些，却是这道食谱的关键。

③ 将蛋液打匀至略微起泡，椰汁和牛奶各倒入150毫升打匀，用细网过滤到椰碗中。

④ 盖好椰盖，放入蒸锅，中小火蒸40分钟，可以将椰香渗入蛋液中，炖出椰香浓郁的炖蛋。在蛋液中加10克白糖，口味更佳。

> 椰汁营养丰富，含有果糖、葡萄糖、蔗糖、蛋白质、脂肪、维生素B、维生素C以及钙、磷、铁等微量元素及矿物质。能够有效地补充宝宝身体所需的营养成分，提高机体的抗病能力。鸡蛋蛋白质含量高，为宝宝身体生长发育提供营养基础。鸡蛋、牛奶、天然椰汁，奢华顶配版炖蛋，营养和趣味，为宝宝成长助力。

扫一扫，看视频

芝士焗红薯

难易程度：☆☆；重点营养：钙；🍳：烤

材料：红薯2个，马苏里拉芝士100克，牛奶60毫升，蛋黄1个。

调料：白糖15克，黄油10克。

做法：

① 红薯对半切开，蒸八九分熟，挖出内馅，形成薯托。

② 将挖出来的红薯压成薯泥，加入黄油、白糖、牛奶搅拌均匀。

③ 薯泥装入薯托，然后铺一层芝士，最后刷一层蛋黄液。

④ 烤箱180℃预热5分钟，上下火烤10分钟，再刷一层蛋黄液，继续烤10分钟至表面金黄。

红薯中赖氨酸和精氨酸含量都较高，对宝宝的发育有促进作用。它还有大量可溶性膳食纤维，有助于促进宝宝肠道益生菌的繁殖，提高机体的免疫力。芝士是牛奶"浓缩"后的产物，牛奶的营养一样也不少，含有丰富的蛋白质、B族维生素、钙质；同时也是高热量、高脂肪的食物。而且芝士中的蛋白质因为被乳酸菌分解，所以比牛奶更容易消化，更适合宝宝食用。

扫一扫，看视频

扫一扫，看视频

♥ 软心红枣 ♥

难易程度：☆；重点营养：B 族维生素；🍲：煮

材料：糯米粉60克，红枣6颗，冰糖50克。

做法：

① 红枣外皮洗净，切开半边，去核，加清水浸泡3分钟。糯米粉加适量凉水和成粉团，捏成半根手指大小的细条状，具体大小依红枣而定。

② 粉团塞进红枣，稍微捏紧，确保不容易脱落。

③ 煮一小锅沸水，加冰糖融化成糖水。

④ 把红枣放入糖水中煮3分钟即可。捞出后，如果有桂花糖浇一点，风味更佳。

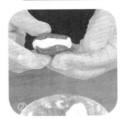

红枣营养丰富，是养生佳品。尤其是红枣中维生素的含量较高，是宝宝获取维生素的良好来源。维生素P在很多食物中都不含有，红枣中却有很高的含量，它能促进维生素C的吸收，是宝宝不可缺少的维生素之一。红枣中的钙和铁是宝宝最需要的矿物质。红枣还具有补血功效，可以预防宝宝缺铁性贫血。另外，红枣中还含有大量抗过敏的物质——环磷酸腺苷，可以减少过敏介质的释放，从而阻止了过敏反应的发生，有助于宝宝对抗过敏。

扫一扫，看视频

❤ 银鱼苋菜面 ❤

难易程度：☆；重点营养：蛋白质；🍲：煮

材料： 银鱼100克，苋菜50克，线面50克。

调料： 生姜、大蒜、盐少许。

做法：

① 银鱼洗净，生姜、大蒜切若干薄片，苋菜洗净切段。

② 热锅加油，姜片、蒜片煸出香味，加小银鱼翻炒片刻，再加苋菜，加少许盐炒匀。

③ 放入汤锅，加1碗水，煮1分钟出锅。

④ 准备一锅沸水，加线面煮2分钟，捞起加到银鱼苋菜汤里就可以了。

小·银鱼营养丰富，富含优质蛋白和不饱和脂肪酸，有助于补充优质蛋白，增强宝宝身体抵抗力。而且银鱼含钙量也特别高，还富含维生素 D，能够促进钙质吸收，宝宝食用能促进骨骼健康发育。银鱼搭配新鲜苋菜煮一碗线面，鲜美可口又营养丰富。

♥ 猪肝小·饼 ♥

难易程度：☆☆；重点营养：铁；🍳：煎

材料： 猪肝150克，淀粉50克，老豆腐100克，胡萝卜30克。

调料： 番茄酱适量，洋葱、生姜各少许。

做法：

① 猪肝切成薄片，放入清水中泡洗5分钟，可清除大部分残留血水。

② 汤锅中加生姜去腥，放入猪肝汆水。洋葱、胡萝卜切小丁备用。

③ 把猪肝捣成泥，加老豆腐、洋葱丁、胡萝卜丁，再加番茄酱和淀粉拌匀。

④ 热锅加油，猪肝泥压成小饼形状，中小火双面煎熟即可。

> 猪肝含有丰富的铁和维生素A、B族维生素等多种营养素，其中维生素A含量极为丰富，对防治宝宝因维生素A缺乏所致的夜盲症，具有良好的作用。猪肝中铁质含量丰富，是补血食品中最常用的食物，食用猪肝可调节和改善造血系统的生理功能。猪肝中还具有一般肉类食品不含的维生素C和微量元素硒，能增强孩子的免疫功能。

扫一扫，看视频

♥ 快手三明治 ♥

难易程度：☆；重点营养：维生素；🍳：煎

材料： 芒果1个，胡萝卜1根，鸡蛋2个，白吐司4片，小西红柿2个，香蕉1根。

调料： 食用油适量。

做法：

① 煎蛋备用，胡萝卜切薄片后放开水里捞熟备用。

② 吐司放入三明治模具中，依次摆上煎蛋、胡萝卜片、小西红柿片，盖上一片吐司，压制成型；芒果取肉切片，香蕉切片，同样方式压制成型。

③ 将压制完的成品对半切开，就是三明治了。

④ 压完模具后的吐司可以二次利用，把吐司边切条，沾上蛋液，小火煎到金黄色就可以了，一条条的跟薯条很像，也是小朋友很喜欢吃的小食。

不爱吃米饭、鸡蛋和水果的小朋友，用这种办法就可以一次性解决了，关键是可以让小朋友自己动手来做，一定能提升他的食欲。

扫一扫，看视频

♥ 萝卜丝虾丸 ♥

难易程度：☆☆；重点营养：锌；🍲：煮

材料： 鲜虾200克，白萝卜200克，淀粉50克，鸡蛋1个。

配料： 生姜1小块，盐 2克，料酒5克（可不放），葱少许。

做法：

① 鲜虾去壳去虾线，剁成虾泥，沿着同一方向搅拌上劲，可增加虾泥的韧劲。用料理机打出来的虾泥效果更好，口感上会更弹牙。

② 小葱切末加入虾泥，再加料酒、盐、淀粉，打入1个鸡蛋，拌匀虾泥。

③ 准备一锅沸水，用手抓一把虾泥，沿虎口挤出，用勺子挖出虾丸。虾丸在汤锅中煮到变红即可。煮好的虾丸放入冰水（或冷水）中迅速冷却。

④ 热锅加少许食用油、水和姜丝，白萝卜刨丝，煮成汤底，最后加入虾丸，大火煮3分钟，加少许盐调味，撒入小葱即可出锅。

秋高气爽，宝宝容易皮肤干燥，体内燥热，给孩子吃点萝卜，有润肺去燥、消积食的功效。萝卜不仅能去虾的腥味，还能让汤底清甜鲜美，可以说是一道很不错的时令菜。

扫一扫，看视频

♥ 宝宝味精 ♥

难易程度：☆☆；重点营养：蛋白质；🍳：烘炒

材料： 虾米250克，蘑菇70克。

调料： 生姜适量（姜粉更佳）。

做法：

① 蘑菇切成均匀薄片，中小火炒以烘干蘑菇。这个过程比较麻烦，需要耐心。为省心，建议采用干香菇。

② 虾米稍微泡洗沥干，一是更加卫生，二是为了去掉盐分。用中火烘炒虾米，加适量姜片去腥，跟蘑菇片一起烘炒。

③ 烘炒至虾米酥脆，以用手轻轻捏就能成粉的效果为准。

④ 用捣臼将虾米研磨成粉，或者用搅拌机更快。过筛，筛出细腻虾粉，装罐放冰箱冷藏保存。

虾米里含有较多的矿物质和蛋白质，还含有较多的钙，对孩子的生长发育有好处。蘑菇中含有丰富的蛋白质和维生素 D，有助于促进钙质吸收，有益宝宝骨骼健康。平时做宝宝餐，如煮面、煮汤、炒菜、熬粥等都可以加点虾米和蘑菇制成的味精，调味提鲜又补钙，堪称厨房一宝。

♥红菇鸡汤♥

难易程度：☆☆；重点营养：钙；🍲：煮

材料：小母鸡1只，红菇100克。

调料：盐少许，生姜2片。

做法：

① 小母鸡洗净后，切成方块，然后将鸡块焯水2分钟，撇去血沫，捞起备用。

② 汤锅中加入2升水，加鸡块、姜片，大火煮10分钟后改中小火炖30分钟。

③ 红菇剪去菇脚，将红菇冲洗干净，用水浸泡10分钟后加到鸡汤里。浸泡红菇的水，也可以倒入汤锅中一起煮。

④ 加盐，大火煮10分钟即可出锅，无需加其他调料，味道就非常鲜美。

红菇含有多种人体必需的氨基酸，可以预防消化不良和儿童佝偻症，提高机体免疫力，有利于改善产妇奶汁缺乏、贫血等。在南方，红菇是很多地方月子餐的必备食材，但它无法种植，均为野生。

扫一扫，看视频

滑鱼片

难易程度：☆☆☆；重点营养：蛋白质；🍳：涮

食材：石斑鱼1条，油菜150克，生姜、小葱、红椒少许。

调料：蒸鱼豉油30克，地瓜粉50克，食用油50克。

做法：

① 鱼放平，从尾部沿着脊骨片出整块鱼肉，斜刀片出肉片，肉片厚度以3毫米左右为宜，并加地瓜粉稍微抓匀。

② 红椒去籽，生姜去皮，洗净切细丝，小葱的葱白和葱绿都撕成细丝备用，油菜焯水1分钟捞起装盘备用。

③ 鱼片放沸水锅涮30秒，用漏勺小心捞出，保持肉片整片形状，然后铺在青菜上面，淋上蒸鱼豉油，洒上葱姜丝和红椒丝。

④ 起一勺热油，浇在细丝上，爆出香味，最后撒上少许葱绿配色。

石斑鱼含有丰富的蛋白质，是良好的蛋白质补充剂，还含有婴幼儿生长和脑部发育所需的钙元素、铁元素、磷元素、维生素 B_1、维生素 A、维生素 D、卵磷脂等物质，适合婴幼儿食用。鱼片口感嫩滑又不容易散，搭配绿色蔬菜，既补充了优质的蛋白质，又提供丰富的维生素。

扫一扫，看视频

扫一扫，看视频

🐟 金鱼水饺 🐟

难易程度：☆☆；重点营养：蛋白质；🍲：煮

材料：饺子皮10张，猪肉150克，胡萝卜1根，豌豆10颗。

调料：盐、紫菜少许。

做法：

① 选用七分瘦三分肥的肉，剁碎，加一小截胡萝卜和少许盐剁成肉泥，另外，胡萝卜切出几个小丁，修成小圆球作为金鱼眼睛。

② 饺子皮擀薄成梨形，因为做金鱼造型，面皮的鱼头部位小一点，鱼尾部位大一点。

③ 挖一小勺肉泥，放在饺子皮1/3处，两边捏起，形成金鱼的细腰，尾部用刀切出鱼尾形状，再用牙签压出纹路，最后把胡萝卜和豌豆塞进眼睛，一只可爱的金鱼就做成了。

④ 金鱼水饺放蒸锅蒸10分钟，或者放在高汤里煮5分钟即可食用。如果有排骨汤，把金鱼水饺煮熟，加少许紫菜作为水草，还能做出一碗鱼在水中游的造型。

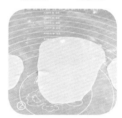

这道创意水饺，看上去像鱼缸里的金鱼，不仅造型很吸引小孩，而且营养也足够丰富，是一道非常讨巧的"宝宝餐"。

扫一扫，看视频

快手榴莲酥

难易程度：☆；重点营养：钙；🍳：烤

材料：蛋挞皮5个，榴莲肉150克，鸡蛋黄1个。

调料：白砂糖10克（依据个人口味选择添加）。

做法：

① 榴莲肉去核，打成肉泥。

② 蛋挞皮室温放软后取出，将榴莲肉泥包入蛋挞皮，捏合，并用餐叉压出花纹。

③ 蛋挞皮表面刷一层蛋黄液。

④ 放入烤箱，上下火200℃烤15分钟即可。

榴莲的营养价值非常高，所含氨基酸的种类齐全，含量丰富，除色氨酸外，还含有7种人体必需的氨基酸，其中，谷氨酸含量特别高，宝宝适量食用，有助于强身健体。需要注意的是，榴莲性热，不宜多食，也不要给1岁以下的宝宝食用。这道榴莲酥谈不上特别的营养，优势在于制作方法简单便捷，味道好，作为孩子的甜品，是一个不错的选择。

嫩鸡堡

难易程度：☆☆；重点营养：蛋白质；🍳：烤

材料：餐包2个，鸡胸肉1块，生菜适量，西红柿1个，芝士2片。

调料：生姜、生抽、胡椒粉、淀粉、盐各少许，食用油适量。

做法：

① 鸡胸肉斜刀切1厘米厚片。

② 鸡肉片加姜片、盐、生抽、淀粉、胡椒粉腌制10分钟入味。

③ 腌好的鸡肉放烤箱烤熟，或双面煎熟。

④ 餐包对半切开，西红柿切片，餐包上依次铺上生菜、西红柿、鸡肉、芝士。喜欢芝士融化的，可以放入微波炉转30秒。

鸡胸肉蛋白质含量高，氨基酸的种类也很丰富，可弥补牛肉、猪肉的不足，易吸收，脂肪含量也低，基本无副作用，非常适合小宝宝食用。自己做汉堡，对喜欢吃洋快餐的小朋友来说，再也不用担心热量过高了。

扫一扫，看视频

牛肉兜汤

难易程度：☆；重点营养：钙；🍳：煮

材料：牛肉200克，地瓜粉30克。

调料：生抽10克，盐2克，生姜3片。

做法：

① 选用牛腿肉或里脊肉，不可使用筋膜多的部位，横丝切成小指头大小的滚刀块，加地瓜粉和盐拌匀，使劲搓揉5~10分钟。

② 然后加生抽，继续搓揉3~5分钟，让地瓜粉和调料彻底进入牛肉纤维里，使得牛肉入味并均匀上色。

③ 准备一汤锅沸水，加入姜片，牛肉要抻开，一片一片地入锅，大火煮15分钟。

④ 然后改小火煨煮30分钟，煮至汤汁浓稠丝滑，肉香浓郁，就可以了。

牛肉富含优质蛋白质、铁、氨基酸，且含锌量极为丰富，有利于宝宝脑细胞的发育。牛肉兜汤，汤品醇香温润，牛肉软烂滑溜、口感细腻而不油腻，是一道宝宝们百吃不厌的牛肉食谱。不过，需要注意的是，此时宝宝肠胃功能还不完善，妈妈一定要将牛肉煮熟烂，否则宝宝很难消化。

扫一扫，看视频

扫一扫，看视频

♥ 秋葵手指条 ♥

难易程度：☆☆；重点营养：锌；🍚：煎

材料： 鸡胸肉150克，秋葵2根，洋葱、香菇、胡萝卜各少许。

调料： 地瓜粉5克，盐少许。

做法：

① 鸡胸肉剁成肉泥，洋葱、胡萝卜、香菇切小丁，加地瓜粉和盐拌匀。

② 秋葵洗净，去柄，对半切开，去籽，将鸡肉泥放入秋葵内。

③ 放入油锅小火煎2分钟，待表面微焦，加适量水，小火焖煮2~3分钟即可。

秋葵是一种非常好的蔬菜，钙含量很丰富，而它的草酸含量低，所以钙的吸收利用率较高，比牛奶来得好，对素食者和发育中的小朋友，是很好的钙质来源。秋葵中还含有果胶、牛乳聚糖等，具有帮助消化、治疗胃炎和胃溃疡、护肠胃之功效，而且它分泌的黏蛋白，也有保护胃壁的作用，还能促进胃液分泌，提高食欲，改善消化不良等症状。秋葵再加上肉质细腻、营养丰富的鸡肉，这是一道宝宝不可错过的小食。

扫一扫，看视频

♡ 秋梨膏 ♡

难易程度：☆☆☆；重点营养：B 族维生素；🍲：煮

材料：梨7颗，罗汉果1颗，红枣5颗，百合15克，麦冬15克，川贝10克，甘草15克，冰糖50克。

做法：

① 把梨洗净削皮，梨皮备用。果肉切成小块，用搅拌机打成果浆，备用。罗汉果掰碎，川贝碾碎，红枣去核切成小块。

② 梨浆倒入汤锅，依次放入梨皮、罗汉果、红枣、百合、麦冬、川贝、冰糖、甘草，搅匀，先用大火煮20分钟，然后改中火煮15分钟，直至锅里水分已烧干一半，变成深色黏稠的糊状，散发出浓郁的甜香味。

③ 过滤汤汁，用滤网或纱布，尽可能滤掉颗粒细渣，确保最后的汤汁细腻清润。

④ 滤出的汤汁再用大火熬煮，烧干多余水分，注意熬的过程要用勺子不断搅拌，防止锅底烧糊。当汤汁熬成黏稠糊状的时候，就可以关火了。等梨膏晾到温热，倒入蜂蜜拌匀即可。梨膏装入玻璃瓶，密封盖好，放冰箱保存。

自制秋梨膏，孩子们吃得放心，大人们也适合饮用，日常取一小勺，温水冲饮，有润肺止咳、生津利咽的功效，特别适合肺热久咳人群。

三文鱼炒饭

难易程度：☆；重点营养：不饱和脂肪酸；🍳：炒

材料：米饭1碗，三文鱼100克，芦笋2根，豌豆少许，西蓝花1小朵。

调料：盐、生抽少许。

做法：

① 三文鱼切丁；芦笋洗净，切去笋尖，去皮，切丁备用。

② 热锅加少许油，加三文鱼翻炒几下，然后加豌豆、芦笋丁、米饭、生抽和盐翻炒，做好一碗炒饭。

③ 芦笋尖和西蓝花入沸水焯1分钟，捞出跟炒饭一起装盘即可。

三文鱼除了具备一般鱼类的营养外，还富含二十二碳六烯酸（DHA），以及一种Ω-3脂肪酸，它们是脑部、视网膜及神经系统所必不可少的物质，在鱼肝油中该物质的含量更高，对孩子的大脑和视力发育有所裨益。三文鱼肝油中还富含维生素D等，能促进机体对钙的吸收利用，有助于孩子生长发育。三文鱼与蔬菜一起炒饭，可完美解决孩子既丰富又营养的一餐。

扫一扫，看视频

三文鱼水果塔

难易程度：☆☆；重点营养：不饱和脂肪酸；🍳：煎

材料：三文鱼150克，牛油果1个，大芒果1个。

调料：黄油20克，盐少许。

做法：

① 牛油果去核，切成0.5厘米左右的圆弧片；芒果去皮、核，切成1厘米厚度的方块。

② 牛油果和芒果的边角料切成小丁，小丁加少许盐拌匀，有提鲜的作用。

③ 三文鱼切成长条块，煎锅里放入黄油，三文鱼用中小火双面煎熟。

④ 将芒果、牛油果拼成圆形，中空部分用果肉丁填满，再叠上一层三文鱼和果肉丁即可。

三文鱼、牛油果都是营养丰富的食材，搭配香甜的芒果，既补充了营养，又提高了宝宝的食欲。其中，三文鱼含有丰富的不饱和脂肪酸以及多种对人体有益的微量元素，营养丰富又易于吸收利用，而且小刺少，肉质细嫩鲜美，口感爽滑，其富含的DHA对宝宝大脑发育有着重要的作用。而且三文鱼汞含量相对较少，是宝宝鱼类食材的理想选择之一。

扫一扫，看视频

扫一扫,看视频

♥ 原味椰子鸡 ♥

难易程度:☆☆;重点营养:钙;🍚:蒸

材料:鸡腿肉1整块,椰子1个,红枣1颗,枸杞适量。

调料:生姜、盐少许。

做法:

① 椰子顶部敲开一个洞,倒出椰汁备用;在椰子上方1/3处锯开,形成一个椰碗和碗盖,洗净备用。

② 鸡肉沸水中焯过一遍,放入椰子中,加一块姜片、红枣和枸杞。

③ 放入蒸锅,加椰汁,盖上椰盖。

④ 大火煮开后转中小火蒸100分钟,就能把椰香充分蒸透入味,最后加少许盐调味。

宝宝吃鸡肉的好处是补充蛋白质和热量,鸡肉富含蛋白质和氨基酸,消化率高,易被婴儿吸收,具有增强体力的功效。鸡腿肉中还含有较多的铁,能改善缺铁性贫血,对身体瘦弱的宝宝补益性较高。这道食谱中鸡肉的吃法,老幼皆宜,宝宝也会对这个椰子产生浓厚的兴趣。

♥ 手工鱼丸 ♥

难易程度：☆☆☆；重点营养：磷；🍳：煮

材料： 草鱼1条（约1500克），鸡蛋1个，木薯粉60克。

调料： 生姜1块，盐3克，小葱少许，白胡椒粉5克。

做法：

① 片出整块鱼肉，去除鱼皮，拔掉鱼刺。在鱼肉和鱼皮之间有一条暗红色的部分，是鱼的肌肉，鱼腥味主要来自这个部分，所以需要切除。

② 用料理机将鱼肉打成肉泥，然后加入适量木薯粉、鸡蛋，往同一个方向搅拌，直到肉泥上劲，最后擦入一些姜泥（或姜汁）去腥。

③ 手握鱼泥，从虎口挤出鱼丸，放入温水中，然后放入沸水锅中，鱼丸就会浮起来，中火煮3分钟就可以了。

④ 鱼丸简单加一些紫菜、小葱、盐、白胡椒粉，就能做出一碗鲜美弹牙的鱼丸了。

草鱼营养丰富，富含优质的蛋白质，是宝宝辅食中不可缺少的营养来源。其中的矿物质磷，它是骨骼和牙齿必备的元素，且能供给孩子能量与活力。其中的矿物质铜，对于血液、中枢神经和免疫系统，头发、皮肤和骨骼组织以及大脑和肝、心等内脏的发育和功能有重要影响。孩子吃腻了清蒸鱼肉，吃一吃鱼丸也是不错的选择。

♥ 芝士焗大虾 ♥

难易程度：☆☆；重点营养：镁；🍳：烤

材料： 南美白对虾6只，土豆1个。

调料： 马苏里拉芝士60克，牛奶40克，黄油10克，盐少许。

做法：

① 土豆去皮蒸熟，加盐、牛奶和黄油，压成土豆泥。

② 对虾剪去虾枪和虾脚，开背去虾线，洗净，用厨房纸吸干水分。

③ 把土豆泥装到虾背上，撒上芝士。

④ 放入烤箱上下火200℃烤12分钟，表面金黄微焦即可。

芝士是牛奶经浓缩、发酵而成的奶制品，它基本上排除了牛奶中大量的水分，保留了其中营养价值极高的精华部分，被誉为乳品中的"黄金"。作为乳制品的一种，奶酪是钙的优质来源，也是能量的浓缩源。南美白对虾含有丰富的蛋白质，以及钙、镁、磷、钾、碘等矿物质，是营养健康的优质食材。

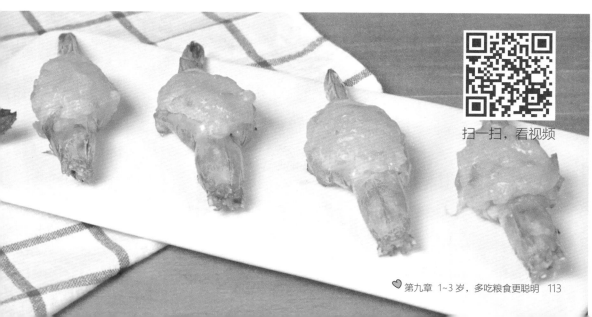

扫一扫，看视频

葱香手撕鸡

难易程度：☆☆；重点营养：蛋白质；🍳：煮

材料：农家土鸡1只，小葱150克，生姜50克。

调料：盐3克。

做法：

① 土鸡洗净，生姜切片、小葱打结，加一锅清水，放入土鸡、姜片和葱结，大火煮5分钟后，改中火再煮10分钟，最后焖20分钟，鸡肉就软烂了，这有助于后面手撕鸡肉。

② 切碎小葱和生姜，用料理机打成蓉（或者手工用捣臼捣成蓉），加到热油锅中炒香，加2克盐、1勺鸡汤，煮1分钟，可以去除葱姜的辛辣味道。

③ 趁鸡肉温热，用手撕出所有鸡肉，为方便小朋友食用，鸡肉可以撕小一点，具体根据小孩的喜好而定。

④ 鸡肉撕好后，淋上酱料，一盘绿油油、嫩滑爽口的葱香手撕鸡就做好了。

鸡肉不易过敏，脂肪含量少，蛋白质比较优质，且比猪肉、牛肉更加软嫩，更适合小朋友吃。鸡肉的蛋白质含量根据部位、带皮和不带皮而有差别，从高到低的排序大致为去皮的鸡肉、胸脯肉、大腿肉。土鸡选用小母鸡更合适。

扫一扫，看视频

扫一扫，看视频

♥ 薯片鲜虾沙拉 ♥

难易程度：☆；重点营养：钙；🍴：拌

材料： 薯片若干，鲜虾4只，芒果、黄瓜、牛油果各适量。

调料： 酸奶1杯，盐少许。

做法：

① 鲜虾去除虾线，白灼后放凉、去壳。

② 牛油果、芒果和黄瓜切成小丁，虾肉切丁，装碗备用。

③ 碗里加入酸奶，充分拌匀，这时候可以加少许盐，有提鲜的作用。一碗鲜虾果蔬沙拉就完成了。

④ 铺好薯片，往薯片上盛好沙拉就搞定了。

巧妙地让孩子吃更营养健康的水果、虾、酸奶，薯片就显得不那么"垃圾"了。沙拉酱热量太高，所以用更健康的酸奶替代。酸奶应选择浓稠的，可以避免太多水分。

扫一扫，看视频

♥ 海鲜绿蛋卷 ♥

难易程度：☆☆☆；重点营养：不饱和脂肪酸；🍳：蒸

材料： 龙利鱼1条，鲜虾仁120克，菠菜50克，鸡蛋2个，面粉100克，淀粉50克，柠檬1个，玉米粒30克。

调料： 小葱、洋葱、胡萝卜、盐各少许。

做法：

① 用菜刀片出整块鱼肉，刮出鱼蓉（或直接剁成肉泥）；小葱、洋葱、胡萝卜切末，跟鱼蓉一起放入碗里，再加蛋清、少许盐，拌匀备用。虾仁也剁成肉泥，加入玉米粒和少许盐，半个柠檬挤汁，拌匀备用。

② 菠菜入沸水焯20秒，放入搅拌机，加少量水打成菜汁，然后往菜汁里打入两个鸡蛋，倒入面粉和淀粉搅拌成面糊。热锅加油，倒入面糊，只要能覆盖锅面即可，不能太厚，煎蛋卷皮要注意的是整个锅底要受热均匀，小心转动煎锅，等蛋卷皮颜色变浅，即可出锅。

③ 把蛋卷皮摊开，切除圆弧部分，形成方块，把鱼蓉馅铺在蛋卷上，压实。馅料铺好后，卷起来，放入蒸锅，大火蒸5分钟，再改中火蒸5分钟即可。

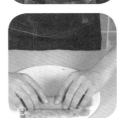

④ 出锅后，把蛋卷切成3厘米左右的段，一盘海鲜绿蛋卷就大功告成了。

这款蛋卷通过简单的蒸制、丰富的搭配，尽量地保存了食材的营养。

♥ 吐司小·比萨 ♥

难易程度：☆☆；重点营养：肌氨酸；🍳：烤

材料：吐司2片，牛肉50克，鲜虾4只，西蓝花50克，菜椒、洋葱、蘑菇、小西红柿各少许。

调料：马苏里拉奶酪80克，儿童番茄酱50克，地瓜粉、盐各少许。

做法：

① 西蓝花撕成小朵，蘑菇切片，入开水中焯30秒。小西红柿切片，洋葱、菜椒切丝备用。

② 鲜虾去壳去虾线，洗净虾仁对半切开，牛肉切薄片。虾仁和牛肉都用少许地瓜粉和盐抓匀腌制。

③ 吐司片上均匀抹一层番茄酱，加一层奶酪，再依次铺好备用的蔬菜，加盖牛肉片、虾仁，最后再盖一层奶酪。

④ 烤箱200℃预热3分钟，然后将做法3完成的比萨放进去烤8~10分钟，直到奶酪融化，表面金黄微焦即可。取出烤好的比萨，切除四边烤焦部分就可以了。

合理搭配面包主食、蔬菜、肉，比传统比萨少油腻，既营养又美味。

扫一扫，看视频

♥宝宝肉松♥

难易程度：☆☆☆；重点营养：蛋白质；👨‍🍳：炒

材料：猪腿肉500克，小葱3根，生姜1小块。

调料：老抽10克，盐5克。

做法：

① 去除猪腿肉中的筋膜和残留肥肉，顺丝切成长条块，肉块焯水3分钟。

② 把肉放入电高压锅，加姜片、葱结、盐、老抽，再加1升水，炖煮1小时。或者放入普通高压锅大火压40分钟，肉煮得越烂越好，以达到轻轻捏一下就散的效果为准。

③ 肉块撕成小条，然后双手使劲搓揉，再撕成细绒。"搓揉"是肉松蓬松的关键。

④ 接下来是炒干肉松。中火热锅，倒入肉松，需要不停翻炒，避免炒焦。对于温度的控制，可以用手抓肉松进行翻炒，只要不烫手，这个温度就是合适的。

⑤ 翻炒大约20分钟，手上就能明显感觉到肉松已经没有水分，一款原味肉松就做成功了。如果是给辅食阶段的宝宝吃，可以用料理机打成更细的绒。

> 不使用任何添加剂，香酥入口即化，非常适合作为辅食，或拌稀饭，或作为孩子们的小·零食。

扫一扫，看视频

扫一扫，看视频

♥ 蛋黄酥 ♥

难易程度：☆☆☆☆；重点营养：淀粉；🍳：烤汁

材料：

水油皮部分：低筋面粉10克，中筋面粉32克，细砂糖6克，全脂奶粉4克，无盐黄油17克，水23毫升。

油酥部分：低筋面粉60克，猪油30克。

内馅部分：油豆沙240克，咸鸭蛋8个，高度白酒40毫升。

装饰部分：鸡蛋黄2个，白芝麻适量。

做法：

① 咸蛋黄刷一层白酒去腥，烤箱165℃预热，烤15分钟后放凉。

② 把所有水油皮混合搅拌，反复搓揉15~20分钟形成水油皮。把低筋面粉和猪油揉成酥油团备用。

③ 将水油皮面团搓成长条，压扁成圆形，酥油面团揉圆包入水油皮当中；再把红豆沙分成8份揉圆压扁，塞一颗咸蛋黄揉成圆球，最后包在面皮里面。

④ 蛋黄液刷在蛋黄酥表面，沾少许芝麻，然后放入165℃烤箱内，烤25~30分钟即可。

> 相对于市面上买的月饼或糕点（含有过多的添加剂），自己做的蛋黄酥，可以很放心地给孩子吃了。

扫一扫，看视频

♥ 鸡翅包饭 ♥

难易程度：☆☆☆；重点营养：胶原蛋白，🍳：烤

材料：鸡全翅3只，米饭1小碗，香菇4个，什锦粒适量。

调料：生抽5毫升，蜂蜜10克，生姜1块，料酒少许，盐少许。

做法：

① 先拆鸡全翅的骨头，从翅根关节处开始剔肉，然后用手拧掉骨头，全程一定要防止鸡翅破皮。拆去骨头的翅膀用盐、生抽、料酒、姜片腌制20分钟。

② 泡发的香菇切末，放入油锅，和什锦粒一起翻炒，加米饭、生抽，做成一碗炒饭。

③ 打开鸡翅的口子，用小勺子把米饭塞进去，塞到八分满即可。

④ 烤箱220 ℃预热5分钟，然后把翅膀放进去上下火烤10分钟，等到鸡翅表面略干，再刷一层蜂蜜，改为200 ℃再烤15~20分钟，等到鸡翅油水烤掉、表面金黄微焦就可以了。

翅膀虽然没多少肉，但它里面含有大量的维生素A，远超过青椒，对儿童视力、生长、上皮组织及骨骼的发育作用很大。烤掉过多油水的鸡翅，加上什锦炒饭，好吃管饱，既满足孩子的食欲，又补充了热量。

❤ 芋仔包 ❤

难易程度：☆☆☆；重点营养：氟；🍳：蒸

材料：木薯粉150克，毛芋400克，猪肉150克，香菇50克，笋干100克，老豆腐100克。

调料：儿童酱油20克，盐少许。

做法：

① 毛芋蒸熟后去皮，捣成芋泥后加到木薯粉里，加温水拌匀，揉成面团。

② 选用带有一些肥肉的猪肉，切成小肉丁，香菇、笋干和老豆腐切丁。先将猪肉煸出猪油，然后加入香菇炒香，接着加笋干和豆腐，加盐和儿童酱油炒成馅料。

③ 抓取一个大汤圆大小的面团，捏扁形成面皮，装入肉馅，捏合揉成圆球。如果圆球不够光滑有裂缝，可在手中适量抹一点食用油，揉至表面完整光滑。

④ 放入蒸锅，用大小火分别蒸5分钟即可。

和传统小吃店的芋仔包不同，这个改良后的版本少盐少油，杂粮搭配肉、豆腐等富含蛋白质的食材，健康又营养。

扫一扫，看视频

糯米糍

难易程度：☆☆☆；重点营养：钙；🍴：蒸后冷藏

材料：糯米粉150克，牛奶100克，紫薯1个，芒果1个，榴莲肉适量。

调料：白糖40克，椰蓉50克，黄油15克，椰浆100克，玉米淀粉40克。

做法：

① 拌米糊：先把糯米粉、玉米淀粉、牛奶、椰浆拌匀，再加黄油、糖搅拌，直到形成均匀细腻的米糊，然后把米糊放入蒸锅，大火蒸10~15分钟。

② 蒸米糍：蒸好的米糊趁热出锅搓揉，揉好后装到碗里放凉，用保鲜膜封起来，放凉到常温，大概半小时。用保鲜膜的好处是防止水分蒸发流失，确保米糍湿润弹牙。此外，放到冰箱冷藏效果更佳，米糍凉冰冰的口感更好。

③ 做馅料：紫薯蒸熟，压成薯泥；挖出芒果肉，切成方块；榴莲肉去核，切成完整的块状果肉。

④ 包米糍：把米糍捏成四周薄中间厚的皮，取一块果肉或一团薯泥，包成圆球，最后沾上椰蓉就可以了。

这道食谱含有丰富的蛋白质、脂肪、糖类、钙、铁、磷及维生素等，但是糯米粉不利于消化，小孩吃要控制量，不可多食。

扫一扫，看视频

♥ 西红柿豆腐汤 ♥

难易程度：☆☆；重点营养：蛋白质；👨‍🍳：煮

材料：西红柿1/6个，嫩豆腐1小块，鸡胸脯肉20克，菠菜叶10克，鸡蛋1个。

调料：高汤适量。

做法：

① 西红柿去皮、籽，切丁；嫩豆腐切丁；鸡胸脯肉去筋煮熟，切丁；菠菜叶煮软后切碎；鸡蛋打散。

② 在锅中放入西红柿丁、豆腐丁、菠菜末和鸡肉丁，加高汤煮熟，加鸡蛋液滚出蛋花即可。

♥ 海带西红柿粥 ♥

难易程度：☆☆；重点营养：碘；👨‍🍳：煮

材料：燕麦、大米、小米各20克，海带、西红柿、小白菜各适量。

调料：盐、香油各适量。

做法：

① 海带、小白菜洗净煮熟切碎；西红柿洗净切丁。

② 燕麦、大米、小米加5倍水煮成粥，再加入碎海带、碎小白菜和西红柿丁煮开锅。用小火煮至西红柿熟后，再调入少量盐、香油即可。

♥ 菠菜洋葱奶羹 ♥

难易程度：☆☆；重点营养：纤维素；👨‍🍳：煮

材料：菠菜25克，洋葱适量。

调料：配方奶适量。

做法：

① 菠菜洗净，放入沸水中余烫至软，切碎，磨成泥状；洋葱洗净，剁成泥。

② 锅内加水，放入菠菜泥与洋葱泥，小火煮至黏稠。

③ 出锅前加入配方奶搅拌均匀即可。

蔬菜羹

难易程度：☆☆；重点营养：纤维素；🍲：煮

材料：油菜叶50克，玉米仁、松子仁末、火腿末各20克，鸡汤200毫升，水淀粉适量。

做法：

① 油菜叶洗净后焯熟，剁成末；玉米仁洗净，剁碎。

② 锅置火上，倒入鸡汤煮沸后，下入玉米仁、松子仁末、火腿末略煮。

③ 倒入水淀粉勾芡，撒入油菜叶末即可。

猪肉米粉羹

难易程度：☆☆；重点营养：铁；🍲：蒸

材料：猪肉100克，米粉50克。

调料：盐、水淀粉各少许。

做法：

① 将猪肉洗净剁成肉糜。

② 将米粉加拌好的肉馅、水淀粉及少量清水一起搅拌成泥。

③ 上蒸锅蒸30分钟，加少许盐搅拌均匀即可。

鱼菜米糊

难易程度：☆☆☆；重点营养：蛋白质；🍲：煮

材料：米粉25克，鱼肉20克，青菜15克。

调料：盐少许。

做法：

① 米粉加适量水浸软，搅拌为糊；青菜、鱼肉分别洗净，剁泥。

② 锅置火上，加适量水以大火煮沸，下入青菜泥、鱼肉泥煮至熟透；下入米粉糊搅拌均匀，煮至米粉熟透，加少许盐调味即可。

❤ 芹菜芋头粥 ❤

难易程度：☆☆☆；重点营养：氟；🍚：煮

材料：大米150克，芋头50克，芹菜、虾米各20克。

做法：

① 芋头去皮，洗净，切碎；芹菜洗净，切末；大米洗净，用冷水浸泡30分钟；虾米用冷水泡软。

② 锅置火上，加适量水，下入大米煮沸后，转小火继续煮。起油锅，爆香虾米；放入芋头一起翻炒片刻，倒入粥锅中；待芋头和粥都煮软烂后，放入芹菜末拌匀即可。

❤ 牛奶枣粥 ❤

难易程度：☆☆；重点营养：乳糖；🍚：煮

材料：大米60克，红枣10克。

调料：牛奶100毫升，红糖少许。

做法：

① 大米淘洗干净；红枣去核，洗净。

② 锅置火上，放入适量水煮开，加入大米煮25分钟。

③ 待米烂粥稠时，加入红枣、牛奶、红糖，小火煮10分钟即可。

❤ 酸奶紫米粥 ❤

难易程度：☆☆；重点营养：氨基酸；🍚：煮

材料：紫米50克。

调料：酸奶50克。

做法：

① 将紫米淘洗干净，放在清水中浸泡3个小时左右。

② 锅置火上，放入紫米和适量清水，大火煮沸，再转小火熬至粥软烂。

③ 待粥凉至温热后加入酸奶搅拌均匀即可。

❤ 枣泥花生粥 ❤

难易程度：☆☆；重点营养：儿茶素；🍲：煮

材料： 花生10粒，红枣5颗，大米50克。

做法：

① 将花生洗净去皮，放入锅中，加清水适量煮至六成熟，再加入红枣继续煮烂。

② 将煮熟的红枣去皮、核和花生一同碾泥。

③ 大米洗净，放锅中，加水煮成稀粥，待粥熟后加入花生红枣泥，搅拌均匀即可。

❤ 梨水燕麦片粥 ❤

难易程度：☆☆；重点营养：B族维生素；🍲：煮

材料： 梨1个，燕麦片适量。

做法：

① 梨洗净，削皮，切成小薄片。

② 锅置火上，加适量水，放入梨片煮10分钟左右。

③ 原锅加入燕麦片再煮20分钟，至燕麦片软烂即可。

❤ 草莓羊奶粥 ❤

难易程度：☆☆；重点营养：胡萝卜素；🍲：搅拌

材料： 草莓150克，羊奶1杯。

调料： 乳酪适量。

做法：

① 草莓洗净、沥干，去蒂后切碎。

② 将切好的草莓放入榨汁机内，加入羊奶和乳酪搅打均匀即可。

什蔬饼

难易程度：☆☆；重点营养：纤维素；🍳：煎

材料：面粉50克，西葫芦、胡萝卜、西红柿各60克，鸡蛋1个。

调料：盐少许。

做法：

① 西葫芦、胡萝卜洗净去皮，擦成丝；西红柿洗净，汆烫后去皮切丁；鸡蛋磕碎，与面粉调成糊状。

② 将西葫芦丝、胡萝卜丝及西红柿丁均放入面糊中混合均匀。起油锅，倒入面糊煎熟即可。

鸡汤馄饨

难易程度：☆☆；重点营养：淀粉；🍲：煮

材料：馄饨皮6张，肉末30克，白菜50克，香菜叶少许。

调料：鸡汤少许。

做法：

① 将白菜和香菜叶洗净切碎，与肉末搅拌均匀，做成馄饨馅；用馄饨皮将馅包好。

② 锅内加水和鸡汤，大火煮沸后放入馄饨，盖上锅盖，煮熟即可。

爱心饭饼

难易程度：☆☆；重点营养：碘；🍙：卷

材料：米饭100克，紫菜（干）10克，火腿1根，黄瓜100克，鳗鱼80克。

调料：盐适量。

做法：

① 火腿和黄瓜切小条，汆熟加盐调味；鳗鱼切片。

② 将保鲜膜铺开，铺上一层紫菜，在紫菜上面铺上一层白饭，压紧；摆上火腿条、黄瓜条、鳗鱼片；将保鲜膜慢慢卷起，冷冻，食用前切成片，加热即可。

♥ 西红柿鸡蛋饼 ♥

难易程度：☆☆；重点营养：番红素；🍳：煎

材料：面粉50克，西红柿、鸡蛋各1个。

做法：

① 西红柿洗净，去皮后切碎；鸡蛋打散，加入适量水、面粉搅拌均匀，再加入碎西红柿搅拌成糊状。

② 锅置火上，放适量油烧热，倒入搅拌好的鸡蛋面糊，煎至两面呈金黄色即可。

♥ 肉汤煮饺子 ♥

难易程度：☆☆；重点营养：蛋白质；🍳：煮

材料：鸡蛋1个（取蛋清），小饺子皮6个，鸡肉末40克，青菜末、芹菜末各适量。

调料：肉汤、酱油各少许。

做法：

① 将青菜末和鸡蛋清混合均匀，鸡肉末和混合好的青菜做馅包饺子。

② 锅置火上，倒入肉汤，放入包好的饺子煮熟。

③ 撒入芹菜末，并调入少许酱油即成。

♥ 鱼泥小·馄饨 ♥

难易程度：☆☆；重点营养：蛋白质；🍳：煮

材料：鱼泥50克，小馄饨皮6张，韭菜末、香菜末各适量。

调料：盐、清高汤少许。

做法：

① 先将鱼泥和韭菜末做成馄饨馅，包入小馄饨皮中，做成馄饨生坯。

② 起锅加水烧开，放入馄饨生坯，再次煮沸后倒入高汤再煮片刻，至馄饨浮起时，撒上香菜末、盐即可。

♥ 玉米馄饨 ♥

难易程度：☆☆；重点营养：钙；🍳：煮

材料：馄饨皮100克，玉米粒250克，猪肉末150克，葱20克，芹菜叶少许。

调料：盐、味精、白糖各少许，香油适量。

做法：

① 玉米粒洗净沥干；葱洗净后切末；将玉米粒、猪肉末和葱末放入碗中，再加入全部调料拌匀。

② 在馄饨皮内放入适量馅料，做成馄饨生坯。

③ 起锅加水烧开，放入馄饨生坯，加盖煮3分钟即成。

♥ 南瓜蝴蝶面 ♥

难易程度：☆☆；重点营养：淀粉；🍳：煮

材料：意大利蝴蝶面200克，南瓜片150克，培根片100克，牛奶1盒。

调料：黄油、盐、黑胡椒粉各适量。

做法：

① 黄油入锅加热化开，放入南瓜片炒香，再加牛奶用小火煮至南瓜片变软，将其碾成糊。

② 锅内加水煮沸，入意大利蝴蝶面、培根片煮10分钟；加入前面的糊，加黑胡椒粉、盐调味即可。

♥ 培根西蓝面 ♥

难易程度：☆☆；重点营养：维生素C；🍳：煮

材料：西蓝花50克，面条150克，培根2片，蒜3瓣，葱末、胡萝卜丝各少许。

调料：高汤2大碗，盐少许。

做法：

① 面条以高汤煮熟，捞出；蒜、培根切片；西蓝花洗净切小朵，入沸水烫熟。

② 起油锅，爆香蒜片，倒入培根片翻炒；加入面条、胡萝卜丝、西蓝花翻炒片刻，加盐和葱末调味即成。

♥ 玉米粉发糕 ♥

难易程度：☆☆☆；重点营养：钙；👨‍🍳：蒸

材料：鸡蛋1个，面粉、玉米粉、牛奶各适量。

调料：白糖、发酵粉各适量。

做法：

① 鸡蛋打散，加白糖，搅打至蛋液发白起泡，再将玉米粉、面粉、发酵粉、牛奶一起加入搅拌均匀，做成面坯，醒半个小时。

② 将面坯放在笼屉内蒸熟，晾凉后切块装盘即可。

♥ 奶香甜味花卷 ♥

难易程度：☆☆☆；重点营养：淀粉；👨‍🍳：蒸

材料：加奶粉的发面面团300克，薄荷叶少许。

调料：白糖适量。

做法：

① 将面团擀成3毫米厚的长方形面皮，撒上白糖，用擀面杖将白糖擀进面片中，然后刷上一层油。

② 将面皮折四折，切成面条，每次取3～4条面条，拉长后打个结，做成花卷生坯，醒发40分钟。

③ 将生坯放入蒸锅，大火煮开后转小火蒸3分钟即成。

♥ 火腿香葱卷 ♥

难易程度：☆☆☆；重点营养：淀粉；👨‍🍳：蒸

材料：发面面团500克，火腿丁、葱末各适量。

调料：盐少许，薄荷叶适量。

做法：

① 将面团擀成薄的面片，撒上盐，用擀进面片中，再刷上油，撒上葱末、火腿丁；将面片卷成柱状，切成剂子；在剂子中间按压一下，捏住两端，外抻反方向拧180度，压紧接口，制成花卷生坯，醒发20分钟。

② 将生坯放入蒸锅，大火煮开后转小火蒸3分钟即成。

♥ 三色豆腐虾泥 ♥

难易程度：☆☆☆；重点营养：蛋白质；👨‍🍳：炒

材料：豆腐50克，虾30克，胡萝卜1/3根，油菜2棵。
调料：盐、香油各少许。

做法：

① 豆腐洗净，压成泥；虾去头壳及虾线，剁成泥；胡萝卜去皮后切碎；油菜洗净，氽烫后切成末。

② 起油锅，加入胡萝卜煸炒至半熟；放入豆腐泥、虾泥炒至八成熟时，加入油菜末炒匀，调入盐即可。

♥ 爆炒三丁 ♥

难易程度：☆☆☆；重点营养：葫芦素C；👨‍🍳：炒

材料：豆腐、黄瓜各200克，鸡蛋1个（取蛋黄）。
调料：盐、水淀粉、葱花、姜末各适量。

做法：

① 豆腐、黄瓜均洗净，切丁；鸡蛋黄打入碗中，倒入抹油的盘内，上锅蒸熟后切成小丁。

② 起油锅，爆香葱花、姜末，再放入豆腐丁、黄瓜丁、蛋黄丁翻炒；加适量水及盐，用水淀粉勾芡即成。

♥ 紫薯肝扒 ♥

难易程度：☆☆☆；重点营养：铁；👨‍🍳：煎

材料：紫薯250克，猪肝100克，西红柿小块适量。
调料：生抽、面粉、水淀粉各适量。

做法：

① 猪肝洗净，放入生抽腌渍10分钟，切成碎粒。

② 紫薯洗净，煮软后压成泥，加入猪肝粒、面粉搅拌成糊，捏成厚块；再放入油锅中煎至两面金黄。

③ 西红柿入锅中略炒，用水淀粉勾芡后淋上即成。

茄子泥

难易程度：☆☆；重点营养：维生素 P；🍳：蒸

材料：茄子100克。

调料：盐少许。

做法：

① 茄子洗净后去皮，切成细条。

② 蒸锅置火上，加适量水，放入茄子条，蒸至熟烂。

③ 将熟烂的茄子碾成茄泥，加入少许盐调味即可。

玉米粒拌油菜心

难易程度：☆☆；重点营养：钙；🍳：煮

材料：玉米粒30克，油菜心20克。

调料：香油、盐各少许。

做法：

① 将玉米粒、油菜心洗净后，入沸水中煮熟捞出装盘。

② 然后在玉米粒和油菜心中拌入香油和盐即可。

鱼肉拌茄泥

难易程度：☆☆；重点营养：维生素 E；🍳：拌

材料：净鱼肉30克，茄子半个。

调料：香油、盐少许。

做法：

① 茄子洗净，蒸熟，切成几块，去皮，压成茄泥，晾凉。

② 鱼肉洗净，切成小粒，入沸水中余烫熟后压成泥。

③ 将茄子泥与鱼肉泥混合，加入少许香油、盐拌匀即可。

肉炒茄丝

难易程度：☆☆☆；重点营养：蛋白质；🍳：炒

材料：茄子丝150克，猪瘦肉丝50克。

调料：盐、葱末、姜末、蒜末各少许。

做法：

① 锅置火上，放适量油烧热，加入葱末、姜末爆香，放入猪瘦肉丝煸炒片刻，盛出。

② 再向锅中倒入适量油烧热，加入茄子丝，调入盐，倒入猪瘦肉丝一起炒，快熟时加蒜末炒匀即可。

西红柿香菇美玉盅

难易程度：☆☆☆；重点营养：维生素C；🍳：炒

材料：西红柿1个，胡萝卜丁、山药丁、香菇丁、青椒丁、黑木耳丁各适量。

调料：盐少许。

做法：

① 西红柿洗净，挖掉果肉，稍烫。

② 将所有丁氽烫，捞出；锅入油烧热，放入上述材料炒熟成馅，填入西红柿壳内，盖上盖子即可。

百合柿饼煲鸽蛋

难易程度：☆☆☆；重点营养：蛋白质；🍳：煮

材料：百合、柿饼各适量，鸽蛋2个。

调料：冰糖适量。

做法：

① 百合洗净；鸽蛋煮熟，去壳。

② 锅置火上，加适量清水，以大火煮沸，下入百合、鸽蛋和柿饼。

③ 以小火煲至百合熟透，调入冰糖即可。

♥ 蛋皮虾仁如意卷 ♥

难易程度：☆☆☆；重点营养：蛋白质；🍳：蒸

材料：鸡蛋1个，虾仁末20克，豆腐泥40克，葱末适量。

调料：盐、水淀粉各适量。

① 鸡蛋打散，摊成蛋皮；其余材料加油、盐和水淀粉搅匀成馅。

② 将馅抹在蛋皮上，卷好蒸熟即可。

♥ 猪肝圆白菜 ♥

难易程度：☆☆☆；重点营养：铁；🍳：煮

材料：豆腐泥50克，猪肝泥30克，胡萝卜1/2根，圆白菜叶半片。

调料：肉汤、干淀粉、盐各适量。

做法：

① 胡萝卜洗净，煮熟，切碎；圆白菜汆烫后捞出。

② 将猪肝泥和豆腐泥混合拌匀，加入碎胡萝卜和少许盐做成馅，放在圆白菜叶中间。

③ 将白菜卷起，用干淀粉封口，放肉汤中煮熟即可。

♥ 五彩鸡丝 ♥

难易程度：☆☆☆；重点营养：蛋白质；🍳：炒

材料：鸡胸脯肉200克，香菇丝、胡萝卜丝、青椒丝各30克，鸡蛋2个（其中1个取蛋清）。

调料：高汤、盐、水淀粉各适量。

做法：

① 鸡胸脯肉切丝，加盐、蛋清、水淀粉拌匀；将另一个鸡蛋摊成蛋皮，再切成丝；起油锅，下鸡丝煸炒，熟后将香菇丝、胡萝卜丝、青椒丝一起煸炒。

② 高汤入锅中，放入所有材料煮开后加盐调味即可。

炖五丁

难易程度：☆☆☆；重点营养：纤维素；🍳：炒

材料：西红柿约1/2个，黄瓜约1小根，青椒约1个，洋葱约1/3个，茄子约1/4个。

调料：盐少许。

做法：

① 上述材料均切丁；锅置火上，放适量油加热，先放入洋葱丁翻炒，再加入其他蔬菜丁略加翻炒。

② 加水盖盖，用小火煮20分钟至菜烂，加盐调味即可。

虾米肉丝

难易程度：☆☆☆；重点营养：钙；🍳：炒

材料：猪瘦肉丝、白菜丝各200克，虾米30克。

调料：高汤、水淀粉、干淀粉、盐、料酒各少许。

做法：

① 虾米水发，切末；猪瘦肉丝加入干淀粉、盐上浆。

② 油锅烧热，下入猪瘦肉丝炒至变色，然后下白菜丝、虾米末煸炒，加入高汤焖透，加入料酒、盐，淋入水淀粉勾芡，略炒几下即可。

香菇蒸蛋

难易程度：☆☆☆；重点营养：蛋白质；🍳：蒸

材料：鸡蛋1个，干香菇2朵。

调料：生抽少许。

做法：

① 干香菇用冷水浸泡后去蒂洗净，切细片。

② 鸡蛋磕入碗中，打散，加入水、香菇片拌匀，加入少许生抽调味。

③ 将蛋液放入锅中蒸熟即可。

💜 爆炒五丝 💜

难易程度：☆☆☆；重点营养：钾；🍳：炒

材料：莴笋丝100克，猪瘦肉丝、胡萝卜丝、土豆丝、香菇丝各50克，鸡蛋1个（取蛋清），葱花适量。

调料：水淀粉、干淀粉、盐、姜汁各适量。

做法：

① 猪瘦肉丝加入盐、鸡精、蛋清、干淀粉拌匀，腌渍20分钟。

② 锅置火上，加入适量油，烧热，放入猪瘦肉丝滑散，煸熟。

③ 放入葱花、姜汁，加入其余食材翻炒片刻，加盐调味，用水淀粉勾芡即成。

💜 时蔬杂炒 💜

难易程度：☆☆☆；重点营养：纤维素；🍳：炒

材料：土豆300克，蘑菇100克，胡萝卜50克，山药20克，水发黑木耳适量。

调料：高汤、香油、水淀粉、盐各适量。

做法：

① 所有材料均洗净切成片。

② 炒锅放油烧热，加入胡萝卜片、土豆片和山药片煸炒片刻。

③ 放入适量高汤煮开，再加入蘑菇片、黑木耳片和盐调味，烧至材料酥烂，用水淀粉勾芡，淋上少许香油即可。

四色炒蛋

难易程度：☆☆☆；重点营养：蛋白质；🍳：炒

材料：鸡蛋2个，甜青椒、甜红椒各1/2个，黑木耳150克，葱花、姜各适量。

调料：盐、香油、水淀粉各适量。

做法：

① 甜青椒、甜红椒切块；黑木耳去根切块。

② 将鸡蛋的蛋清和蛋黄分别打在2个碗内，并各自加入少许盐搅匀。

③ 起锅，倒入适量香油烧热后分别炒蛋清和蛋黄，盛出。

④ 再起香油锅，爆香葱花、姜末；放入甜青椒块、甜红椒块、黑木耳块翻炒快熟时，加入少许盐调味；倒入炒好的蛋清、蛋黄炒匀，用水淀粉勾芡即可。

青椒炒肝丝

难易程度：☆☆☆；重点营养：铁；🍳：炒

材料：猪肝200克，甜青椒1个，葱花、姜丝适量。

调料：白糖、干淀粉、水淀粉、香油、料酒、盐各适量。

做法：

① 猪肝洗净后切丝，用干淀粉、料酒抓匀。

② 甜青椒洗净，去蒂及籽后切丝。

③ 锅置火上，加油烧热，放入猪肝丝滑散，捞出。

④ 锅内留少许底油，撒入葱花、姜丝爆香，放入甜青椒丝拌炒，加白糖、盐及少许清水煮沸，用水淀粉勾芡，倒入猪肝丝翻炒，淋入香油即可。

双菇炒丝瓜

难易程度：☆☆☆；重点营养：氨基酸；🍲：煮

材料：鲜口蘑片、香菇片各60克，丝瓜1根。

调料：姜末、盐各适量。

做法：

① 丝瓜去皮，洗净后切小段。

② 锅内热油，下入姜末炝锅，放入口蘑片和香菇片煸炒，加入适量水炖煮。

③ 水煮沸后倒入丝瓜段，加盐烧至汤浓入味即可。

猪肝炒碎菜

难易程度：☆☆☆；重点营养：维生素A；🍲：炒

材料：猪肝丁25克，菠菜1棵。

调料：盐适量。

做法：

① 菠菜用清水洗净，入沸水中余烫片刻，沥干，切碎。

② 锅置火上，加油烧热，加入猪肝丁翻炒至半熟，再加入菠菜碎，少量水煮熟即可。

肉末香干炒油菜

难易程度：☆☆☆；重点营养：蛋白质；🍲：炒

材料：香干150克，油菜100克，猪瘦肉末50克。

调料：高汤、盐各少许。

做法：

① 香干切丝；油菜洗净，切段。

② 锅置火上，加油烧热，下猪瘦肉末煸炒片刻，加香干丝炒匀，倒入高汤烧片刻，再投入油菜段翻炒，加盐调味即可。

❤ 高汤煮饭 ❤

难易程度：☆☆☆；重点营养：钙；🍴：煮

材料：大米、洋葱各50克，香肠2根，葱末适量。

调料：盐、鸡精各适量，高汤3碗。

做法：

① 香肠切丁；洋葱剥皮，切丁，入油锅爆香。

② 将米淘洗干净、沥干水分后，加炒好的洋葱丁、香肠丁及所有调料拌匀，与3大碗高汤同放入电饭锅中煮熟，撒上葱末即可。

❤ 鸡肉红米饭 ❤

难易程度：☆☆☆；重点营养：黄铜类化合物；🍴：煮

材料：红米饭50克，鸡肉30克，菠萝碎20克。

调料：菠萝糖水1小碗，盐适量。

做法：

① 鸡肉洗净，加少许盐涂匀，蒸熟，冷后切粒。

② 将鸡肉粒、红米饭、菠萝碎、菠萝糖水放在一起拌匀，放入炖盅内，盖上盅盖，入炖锅用中小火炖30分钟（也可以放入蒸锅中蒸20分钟）即可。

❤ 西红柿饭卷 ❤

难易程度：☆☆☆；重点营养：番茄红素；🍴：煎

材料：胡萝卜、西红柿各50克，鸡蛋1个，软米饭1小碗。

调料：香油、盐各少许。

做法：

① 胡萝卜、西红柿均洗净，切末；鸡蛋摊成薄皮。

② 将胡萝卜末用香油炒软，与软米饭、西红柿末及少许盐拌匀，平摊在蛋皮上卷成卷儿，切段即可。

♥三色鱼丸♥

难易程度：☆☆☆☆；重点营养：铜；🍳：煮

材料：净鱼肉300克，鸡蛋1个（取蛋清），胡萝卜、莴笋丁、葱段、姜汁各适量。

调料：水淀粉、盐各少许，干淀粉、高汤各适量。

做法：

① 鱼肉剁成泥，加入盐、蛋清、姜汁和干淀粉拌匀，用手挤成丸状；起锅加水，将鱼丸煮熟备用。

② 起油锅，倒入高汤，加盐调味，放入鱼丸、胡萝卜丁和莴笋丁煮沸后，用水淀粉勾芡，撒入葱段即可。

♥果汁瓜条♥

难易程度：☆☆；重点营养：纤维素；🍳：浸泡

材料：冬瓜30克，果汁适量。

调料：淡盐水少许。

做法：

① 冬瓜去皮去瓤洗净，切细长条，在淡盐水中浸泡5~10分钟。

② 捞出瓜条后沥干净水，放到果汁中浸泡4~5小时（果汁须没过瓜条）后即可。

♥橙汁茄条♥

难易程度：☆☆☆；重点营养：维生素P；🍳：炸

材料：茄子1个。

调料：橙汁、干淀粉、水淀粉各适量。

做法：

① 茄子去皮洗净，切成长条，加入少许干淀粉抹匀。

② 油锅烧热，下入茄条炸至定型，捞出沥油，备用。

③ 锅中加入少许清水煮沸，先放入橙汁，再下入茄条烧至入味，然后用水淀粉勾薄芡，翻拌均匀即成。

白萝卜小·排煲

难易程度：☆☆☆；重点营养：铁；🍳：煮

材料：小排250克，黑木耳50克，白萝卜200克。

调料：盐、料酒、姜片各适量。

做法：

① 小排用盐腌渍1天，入沸水中氽烫，捞出沥干；黑木耳洗净撕朵；白萝卜洗净，切滚刀块。

② 锅加水煮沸，下入小排、黑木耳、白萝卜块，调入料酒、姜片以大火煮沸；转小火慢炖，待肉香萝卜酥，加盐调味即成。

西红柿海带汤

难易程度：☆☆☆；重点营养：碘；🍳：煮

材料：水发海带100克，西红柿汁50克。

调料：鲜柠檬汁、高汤各适量。

做法：

① 海带洗净后切丝。

② 锅置火上，放入海带、高汤煮5分钟。

③ 再放入西红柿汁、鲜柠檬汁以中火煮沸即可。

奶油白菜汤

难易程度：☆☆☆；重点营养：钙；🍳：煮

材料：白菜20克。

调料：配方奶粉适量。

做法：

① 白菜用清水冲洗干净后剁碎；锅内加水煮开后放入碎白菜，以小火煮片刻。

② 捞出碎白菜，将白菜水晾至常温，放入配方奶粉调匀即可。

💗 香菇鲜虾包 💗

难易程度：☆☆☆；重点营养：蛋白质；🍲：蒸

材料：鸡蛋、虾仁、猪肉馅、发好的面团各适量。

调料：香菇末、香油各适量。

做法：

① 鸡蛋煮熟去壳捣碎；虾仁洗净剁泥；猪肉馅中加入鸡蛋碎、香菇末、虾泥、香油，拌匀成馅。

② 将发好的面团醒30分钟，做成包子皮，加入馅料做成包子，稍醒片刻，入锅蒸15分钟即可。

💗 黄梨炒饭 💗

难易程度：☆☆☆；重点营养：有机酸；🍲：炒

材料：黄梨丁30克，青豆仁、胡萝卜丁各10克，米饭100克，鸡蛋1个（打散）。

调料：低油肉松、盐、葱末各适量。

做法：

① 青豆仁与胡萝卜丁汆烫后沥干，备用。

② 油锅烧热，爆香葱末，将鸡蛋液炒成蛋松，再将米饭与胡萝卜丁下锅拌炒；最后将青豆仁、黄梨丁及盐放入锅中翻炒均匀，撒上低油肉松即可。

💗 蔬菜平鱼炒饭 💗

难易程度：☆☆☆；重点营养：钙；🍲：炒

材料：西蓝花丁、洋葱丁、蘑菇丁各适量，平鱼肉碎50克，米饭少许。

调料：高汤、盐各少许。

做法：

① 西蓝花丁、蘑菇丁煮熟；平鱼肉煮熟后取肉。

② 在锅中加入米饭、高汤、洋葱丁、蘑菇丁、西蓝花丁、平鱼肉和少许盐，用小火炒熟即可。

状元饼

难易程度：☆☆☆☆；重点营养：蛋白质；🍳：烤

材料：面粉500克，鸡蛋3个，枣泥馅300克。

调料：白糖少许，葵花籽油、小苏打粉、料酒各适量。

做法：

① 把白糖、葵花籽油、鸡蛋清、料酒加入面粉中与小苏打粉搅匀，然后揉成面团；将面团擀成长条，切成小剂子，包进枣泥馅，成为饼坯。

② 将饼坯放入"状元"花边模子内，用手掌均匀用力压，使之充满模具，磕出，码盘，然后烘烤即可。

鱼肉面包饼

难易程度：☆☆☆☆；重点营养：镁；🍳：煎

材料：鱼肉40克，面包粉1大匙，鸡蛋1个。

调料：盐少许。

做法：

① 鱼肉洗净，蒸熟后压成泥；鸡蛋打散成蛋液。

② 将鱼肉泥、面包粉、鸡蛋液、盐搅拌均匀，分成两份，即为馅料。

③ 将2份馅料分别压平放入平底锅中，加少许油，煎至两面金黄即可。

自制迷你比萨

难易程度：☆☆☆☆；重点营养：蛋白质；🍳：煎

材料：自发粉100克，鸡腿肉丁50克，虾仁丁100克，洋葱丁、青椒丁、胡萝卜丁、平菇丁、奶酪片各适量。

调料：盐、白糖、番茄酱各适量。

做法：

① 自发粉加水揉成面团，发酵，擀成圆面饼，入锅中煎至六分熟；将奶酪片外其余材料氽烫备用。

② 在圆面饼上抹一层番茄酱，放上氽烫好的材料和奶酪片、盐、白糖，加热至饼熟即可。

肉末通心粉

难易程度：☆☆☆；重点营养：铜；🍳：煮

材料：通心粉10余粒，鸡肉1块，胡萝卜、青菜各适量。

调料：盐、香油各少许。

做法：

① 通心粉入沸水中氽熟，捞出过冷水，沥干。

② 鸡肉剁成碎末；胡萝卜切末；青菜切末。

③ 锅中放入香油、青菜末、胡萝卜末、鸡肉末，放入通心粉，加适量水煮开，最后用盐调味即可。

虾仁挂面

难易程度：☆☆；重点营养：蛋白质；🍳：煮

材料：挂面20克，虾1只，胡萝卜、青菜各适量。

调料：酱油少许。

做法：

① 虾去皮，取虾仁，切碎后炒熟。

② 胡萝卜洗净，切小丁；青菜洗净，切碎末。

③ 将挂面煮熟切短，加入炒熟的虾仁、胡萝卜丁、青菜碎末，再加入酱油调味即可。

金枪鱼南瓜意大利面

难易程度：☆☆；重点营养：钙；🍳：煮

材料：短管意大利面40克，金枪鱼（罐头）、南瓜各20克。

做法：

① 南瓜去皮、籽，切小丁。

② 金枪鱼压碎末。

③ 将短管意大利面与南瓜丁一同煮软，沥干后加入金枪鱼碎末拌匀即可。

西红柿汁虾球

难易程度：☆☆☆；重点营养：钙；🍴：煮

材料：虾仁200克，西红柿末、黄瓜丁各适量。

调料：盐、葱花、姜末、干淀粉各适量。

做法：

① 虾仁去虾线洗净，剁碎末，加入干淀粉、盐，拌匀制成虾球，入热水汆烫至熟。

② 将西红柿末、葱花、姜末入锅烹出红汁，加入少量水后制成西红柿汁。将虾球、黄瓜丁放入即可。

日式蒸蛋

难易程度：☆☆；重点营养：蛋白质；🍴：蒸

材料：鸡肉丁75克，鸡蛋2个，冬菇片60克，蟹柳1条。

调料：干淀粉、盐、香油、生抽各适量。

做法：

① 鸡肉丁加入生抽、干淀粉、香油拌匀；鸡蛋磕入碗中，打散，调入香油、盐；将鸡肉丁、蟹柳、冬菇片一起放入碗中，倒入鸡蛋液，用小火蒸4分钟。

② 每蒸2分钟将锅盖打开1次，直到蒸熟。

清炒莴笋丝

难易程度：☆☆；重点营养：钾；🍴：炒

材料：莴笋200克。

调料：盐、花椒粒各适量。

做法：

① 莴笋去皮、叶，洗净后切成丝。

② 锅中热油，放入花椒粒炸香，再倒入莴笋丝，翻炒片刻后加盐快炒几下即可出锅。

♥ 香酥鱼松 ♥

难易程度：☆☆；重点营养：蛋白质；🍳：炒

材料：鱼肉100克。

调料：盐、白糖各少许。

做法：

① 鱼肉洗净后入锅内蒸熟，去骨、去皮。

② 锅置小火上，加油烧热，放入鱼肉边烘边炒，至鱼肉香酥时，加入盐、白糖再翻炒几下，即成鱼松。

♥ 赤豆香粽 ♥

难易程度：☆☆☆；重点营养：蛋白质；🍳：煮

材料：糯米100克，赤小豆沙适量。

做法：

① 糯米泡软，以开水冲之，使之黏化，并搅拌成浆状。

② 将粽叶卷成三角锥形，放入混合糯米浆，再放入豆沙，填入糯米浆至满。

③ 将粽叶盖上，用棉绳绕几圈，捆牢，放入开水中煮熟即可。

♥ 金色鹌鹑球 ♥

难易程度：☆☆；重点营养：卵磷脂；🍳：炸

材料：鹌鹑蛋5个，面粉30克，鸡蛋1个。

调料：盐适量。

做法：

① 鹌鹑蛋煮熟后剥壳。

② 鸡蛋打散，加入面粉、盐，用少许水搅拌成糊状。

③ 将鹌鹑蛋裹上面糊，放入油锅炸熟晾凉即可。

芹菜米粉汤

难易程度：☆☆；重点营养：铁；🍳：煮

材料：芹菜100克，米粉50克。

做法：

① 芹菜洗净（芹菜叶不要扔），切碎；米粉泡软。

② 锅置火上，加适量水煮开，放入芹菜碎和米粉，焖煮3分钟即可。

鲜美冬瓜盅

难易程度：☆☆☆；重点营养：硒；🍳：蒸

材料：冬瓜50克，冬笋末、水发冬菇末、冬菇汤、口蘑末各10克。

调料：料酒、酱油、香油、白糖、水淀粉各少许。

做法：

① 起油锅，放入冬笋末、水发冬菇末、口蘑末煸炒，再加酱油、白糖、料酒、冬菇汤，煮沸后用水淀粉勾芡，晾凉后制成馅。

② 将冬瓜挖出圆柱形，汆烫至熟后填入馅，蒸热即成。

奶香油菜烩鲜蘑

难易程度：☆☆；重点营养：纤维素；🍳：煮

材料：油菜100克，鲜蘑菇50克，白菜叶适量。

调料：配方奶粉、香油各适量。

做法：

① 白菜叶洗净，切丝，汆烫；油菜洗净，烫熟切小段；蘑菇洗净，切碎，放入砂锅熬成蘑菇汤。

② 将蘑菇汤与配方奶粉、香油混匀。

③ 锅加油烧热，下入白菜叶丝、油菜段和蘑菇汤，边搅拌边煮5分钟至熟即可。

甜味芋头

难易程度：☆☆☆；重点营养：蛋白质；🍳：煮

材料：芋头40克。

调料：白糖少许。

做法：

① 将芋头去皮，洗净，切成小块。

② 锅中加水，放入芋头块煮熟，取出后加入少许白糖即可。

红豆糖泥

难易程度：☆☆☆；重点营养：皂角甙；🍳：煮

材料：红豆50克。

调料：白糖少许。

做法：

① 红豆洗净，放入锅内，加适量水煮开后改小火，煮烂成豆沙。

② 炒锅放油烧热，倒入豆沙，翻炒几下，加入少许白糖翻炒均匀即可。

胡萝卜蜜饯

难易程度：☆☆☆；重点营养：胡萝卜素；🍳：煮

材料：胡萝卜50克。

调料：白糖适量。

做法：

① 胡萝卜去皮洗净，切丁，放入沸水中余烫后沥干水分，晾干；余烫胡萝卜的水，备用。

② 将胡萝卜放入原来余烫过的水中，小火煮沸后续煮20分钟左右，待水分煮干，拌入白糖即可。

琥珀桃仁

难易程度：☆☆☆；重点营养：钙；🍳：炒

材料：核桃仁120克。

调料：熟芝麻、白糖各适量。

做法：

① 将核桃仁投入沸水中不断搅拌，以去除涩味，捞出沥干；再将核桃仁入油锅炒至泛黄，捞出控油。

② 将锅内余油去掉，倒入适量开水，放入白糖炒至糖化，倒入核桃仁翻炒，至糖浆全部裹在核桃上，撒上熟芝麻拌匀即可。

榨菜红烧肉口袋饼

难易程度：☆☆☆；重点营养：钙；🍳：煎

材料：发面面团150克，红烧肉丁200克，榨菜适量。

调料：盐少许。

做法：

① 将面团擀成长方形，抹一层油和盐，然后对折，切成四等份，将边缘捏紧，压出花边，做成生坯。

② 起油锅，放入生坯，用小火煎至两面呈金黄色，盛出后沿对角线切成三角形；将榨菜和红烧肉丁拌匀成馅料，然后夹在煎好的口袋饼中间即可。

桂花红豆甜糕

难易程度：☆☆☆；重点营养：钙；🍳：蒸

材料：糯米粉、大米粉各200克，红豆80克。

调料：白糖50克，糖桂花15克。

做法：

① 红豆洗净煮烂，压碎；糯米粉、大米粉加白糖拌匀成糕粉，留少许备用，大份加入清水制成面糊。

② 将面糊倒入红豆碎拌匀后放入蒸锅，不加盖用大火蒸20分钟，把剩下的糕粉撒在表面，盖上盖，蒸至熟透，取出后切成条状，淋上糖桂花即可。

火腿麦糊烧

难易程度：☆☆☆；重点营养：蛋白质；🍳：煎

材料：鸡蛋1个，面粉适量，火腿丁、虾仁丁、洋葱丁各少许。

调料：葱末、奶酪、盐各适量。

做法：

① 鸡蛋打入面粉碗中，放点盐，一边加水一边搅拌至糊糊状；倒入各种配料丁及葱末、奶酪搅匀。

② 起油锅，倒入浆液，小火慢烤，煎至两面焦黄后，起锅，切成2厘米大小的菱形块即可。

鸡粒土豆蓉

难易程度：☆☆☆；重点营养：蛋白质；🍳：蒸

材料：土豆200克，鸡肉75克，杂菜粒（青豆、小米、胡萝卜粒）适量。

调料：白糖、牛奶、粟粉各适量。

做法：

① 鸡肉洗净，切小粒，加酱油腌渍10分钟，入沸水中煮熟；杂菜粒入沸水汆烫，清水冲凉后，沥干。

② 土豆切片蒸熟后搓成土豆蓉，加入鸡肉粒、杂菜粒及白糖、牛奶、粟粉搅匀，做成球状即成。

创意燕麦饼

难易程度：☆☆☆；重点营养：钙；🍳：烤

材料：燕麦片100克，面粉500克，鸡蛋1个，葡萄干、花生碎、牛奶各适量。

调料：酵母粉1小匙，黄油、白糖各适量。

做法：

① 黄油加热熔化后拌入白糖、面粉、鸡蛋；加入燕麦片、酵母粉、牛奶，揉成面团，加入葡萄干、花生碎。

② 将面团分成小剂子，压成小饼，醒片刻后放在烤盘上，以180℃的温度上下火烤15～20分钟即可。

第十章

3~6 岁，
营养全面长高高

宝宝满 3 岁，已经是个小大人了。

3~6 岁是孩子身体发育的第一个加速期，也是成长的黄金时期，

这段时期，为了宝宝顺利长高，营养一定要全面，

更别少了牛奶、鸡蛋、鱼类等强健骨骼的食物。

3~6 岁宝宝的喂养重点：长高基础期，营养要均衡

总的来说，3～6 岁的宝宝进食的食物种类基本接近成人，可以从粥和软饭过渡到普通膳食了，但这一时期宝宝的发育仍不完全，有些事情还需特别注意。

3～4 岁的孩子身体的各个功能还没有完全发育好，所以对营养的需求量很大，妈妈要注意孩子饮食的均衡性及合理性。

妈妈在为 4～5 岁的孩子准备食物时，仍需将食物切成细丝和小块，肉类也要采用同样方法进行处理，以防止孩子被过大的食物噎住。吃鱼的时候一定要把刺剔除干净。

5～6 岁的孩子对钙的需求量相对较多，所以妈妈要注意给孩子补钙。但专家建议妈妈为孩子补钙时，以食补最佳，且最安全。妈妈可在孩子的饮食中适量添加含钙丰富的食物。

妈妈还要注意，3～6 岁宝宝的咀嚼能力逐渐增强，智力迅速发展，所需的营养较高，同时这一阶段的宝宝精力充沛，容易兴奋，所以要避免因为宝宝活动量忽大忽小而出现进食量过大或不足的情况。

另外，此时期的宝宝容易出现挑食、偏食的情况。一方面，妈妈在给宝宝准备膳食的过程中，需注意避免出现营养不均衡的情况。另一方面，妈妈也应该保证宝宝有充足的活动、游戏时间，以促进宝宝的食欲，摄取足够的营养物质。

一日食谱营养搭配举例（3~6岁）

3岁至6岁宝宝一日营养搭配

	时间	喂养方案
上午	8：00	1杯温开水（约150毫升）、苹果半个
	8：30	牛奶150~200毫升、面包3~6片、鸡蛋1个，或馒头50~80克、米粥100~150克、炒菜1小碗
中午	12：00 ~ 12：30	软米饭1/2~1碗或小馒头1~3个、鱼禽肉类30~50克、蔬菜汤1小碗
下午	15：30	面包片2片、酸奶80~150毫升、水果50~70克
	18：00	软米饭1/2~1碗或小馒头1~3个、炒菜120克、鱼禽肉类30~50克
晚间	21：00	牛奶200~250毫升

关于宝宝吃饭的那些问题：专家答疑

Q：宝宝不爱喝水怎么办？

A：首先，爸爸妈妈必须坚持一点——绝不能用饮料替代白开水。其次，爸爸妈妈要以身作则，如果爸爸妈妈口渴了就喝饮料，宝宝就会有样学样，既然不想让宝宝成天抱着饮料瓶，那么爸爸妈妈就要尽量做到少买少喝饮料，起码不要在宝宝面前喝。最后，爸爸妈妈要多"引诱"宝宝喝水，可以在宝宝活动的地方准备一瓶水，观察他喝了多少，如果喝得太少再提醒他，但不要强迫；非正餐时间，当宝宝饿了向爸爸妈妈要东西吃时，要让他先喝水；也可以在开水中加入柠檬片、苹果片，让水看起来很漂亮，而且有淡淡的水果味，增加宝宝喝水的乐趣。

Q：宝宝上幼儿园后越来越挑食了怎么办?

A： 随着宝宝年龄的一天天增长，吃的食物种类也逐渐增多，于是，宝宝对食物的要求也变得越来越高了。许多妈妈都会发现，宝宝学会挑食了，原来并不挑食的宝宝现在也开始"挑三拣四"了。这时的宝宝对自己不喜欢吃的东西，即使已经喂到嘴里也会吐出来，有些脾气"暴躁"的宝宝，甚至会把妈妈端到面前的食物推翻。

宝宝之所以出现这种情况，主要是因为宝宝的舌头越来越"好用"了，味觉发育逐渐成熟的宝宝不甘心"逆来顺受"，因而才对各类食物的好恶表现得越来越明显，而且有时会用抗拒的形式表现出来。但是，宝宝的这种"挑食"行为并不是一成不变的，当宝宝再长大一些时，对于以前不爱吃的东西，就有可能爱吃了。

所以，爸爸妈妈不必担心宝宝的这种"挑食"，也不要粗暴制止宝宝的挑食行为。正确的做法是花点儿心思，好好琢磨一下宝宝，看他究竟对什么食物感兴趣，怎样做才能够使宝宝喜欢吃这些食物，才能让他"满意"。妈妈可以改变一下食物的形式，或选取营养价值差不多的同类食物替代。

如果宝宝对变着花样做出的食物还是不肯吃，怎么办? 此时，爸爸妈妈也不要着急，如果宝宝只是不爱吃食物中的一两样，是不会造成营养缺乏的。因为食物的品种很多，再制作其他的食物就可以了。爸爸妈妈千万不可因此而强迫宝宝，更不可因此而产生失落感，以为宝宝对自己的努力"视而不见"。妈妈要懂得，宝宝即使这次不吃，可能过一段时间也会吃，不能因为宝宝一次不吃，以后就再也不给宝宝做花样食品了。

Q：为什么宝宝吃有些食物的时候会有恶心的反应?

A： 3岁左右的宝宝牙齿已经长齐，所以喜欢吃一些干硬的食物。但还有一部分宝宝没

有养成咀嚼的习惯，部分宝宝甚至只肯吃米糊、熟软的米饭或牛奶，菜和肉稍微大块些就咽不下去了，出现恶心甚至呕吐现象。这是因为妈妈养育宝宝过分细心，每天用肉泥、菜泥喂宝宝吃，时间一长，宝宝便失去了咀嚼的机会，只能接受糊状或小颗粒状食物了。那么如何避免发生这种情况呢？

首先要逐渐调整宝宝饭食的性状，把泥状食物改为碎末食物，宝宝习惯后再过渡到吃小块食物。要循序渐进，切忌直接改为喂干饭。其次，可以在平时给宝宝吃一些猪脯肉、肉枣、鱼柳、鱼干之类的零食，让宝宝练习咀嚼并锻炼牙齿。再次，妈妈在为宝宝准备饭菜时，要注意食物的色香味。吃饭时，父母的态度也很重要，大人和颜悦色，宝宝就会心情愉快，乐于接受食物。最后，如果宝宝出现恶心、呕吐现象也不要抱怨，以免引起宝宝紧张的情绪。

Q：什么时候让宝宝学习使用筷子比较好?

A： 望子成龙、望女成凤的父母都希望宝宝提早掌握各种人生本领，但是并不是所有的提早学习都是好的，比如学习使用筷子。

2岁以下宝宝，大脑发育不完善，小手灵活性也较差，这个时候就让宝宝使用筷子，很可能带来相反的效果，还容易让宝宝受伤。2岁以后的宝宝，当他发现爸爸妈妈用的筷子和自己的勺子不一样后，可能会对筷子产生兴趣。这个时候可以为宝宝准备一双短而轻、无色无毒的儿童专用筷子，让宝宝拿在手里，提前熟悉筷子。但此时一定不要急于让宝宝学习使用筷子，以免激起他的厌恶情绪。宝宝3岁后，爸爸妈妈就可以尝试让宝宝学习使用筷子了。父母可以让宝宝先夹大块的玩具，掌握熟练后，再慢慢转到夹食物上。同时，多多鼓励，提高宝宝学习使用筷子的积极性。

Q：怎样让宝宝筋骨更强壮?

A： 蛋白质是儿童成长和发育的首要"建筑材料"，是骨骼形成和生长中起着重要作用的胶原，因此，补充优质蛋白质有助于宝宝强壮筋骨。富含优质蛋白质的食物有：牛奶、鸡蛋、沙丁鱼、虾皮、豆腐、奶酪等。

肌肉收缩牵引骨骼而产生关节运动，犹如杠杆装置，我们的一切行为动作都需要肌肉的参与，因此其重要性可想而知。乳清蛋白是目前发现的促进肌肉增长的最佳蛋白质来源，摄入适量的碳水化合物和热量也是必须的。推荐食材有：牛肉、猪肉、木瓜、糙米、菠菜、鳕鱼、排骨等。

♥ 虾皮小·白菜粥 ♥

难易程度：☆☆；重点营养：钙；🍲：煮

材料：虾皮5克，小白菜50克，大米40克，鸡蛋1个。

做法：

① 虾皮用温水洗净、泡软，切碎末。

② 鸡蛋打散炒熟弄碎；小白菜洗净，略氽烫，捞出后切碎末。

③ 大米熬成粥，放入虾皮末、碎白菜末、鸡蛋碎，略煮2分钟即可。

♥ 西红柿银耳小·米羹 ♥

难易程度：☆☆；重点营养：纤维素；🍲：煮

材料：西红柿1个，小米半碗，银耳5朵。

调料：冰糖适量。

做法：

① 西红柿去蒂，洗净，切成小片；银耳用温水泡发，切成小片。

② 锅中加适量水、银耳，煮开，改小火，加入西红柿片、小米一并烧煮，待小米稠后，加冰糖，煮化即可。

♥ 鸡肝红枣羹 ♥

难易程度：☆；重点营养：铁；🍲：蒸

材料：鸡肝泥、红枣泥各适量，西红柿1个。

调料：盐少许。

做法：

① 西红柿用开水氽烫后去皮，取一半剁成泥。

② 将鸡肝泥、西红柿泥、红枣泥混合在一起，加盐调味后再加适量水拌匀，上锅蒸10分钟即可。

❤ 什锦蔬菜蛋羹 ❤

难易程度：☆☆☆；重点营养：蛋白质；🍲：蒸

材料：鸡蛋（打散）1个，虾米20克，菠菜末、西红柿丁各100克。

调料：盐、水淀粉、香油各少许。

做法：

① 蛋液加适量盐和温开水搅匀，蒸15分钟后取出。

② 锅中加水煮开，下所有材料、盐稍煮，用水淀粉勾芡，滴几滴香油，起锅浇在蛋羹上即可。

❤ 鸡肉蔬菜粥 ❤

难易程度：☆☆☆；重点营养：蛋白质；🍲：煮

材料：大米80克，鸡胸肉1块（约200克），芹菜丁、胡萝卜丁、青豆、香菇丁各适量。

调料：盐适量。

做法：

① 大米用盐和油泡30分钟；鸡肉切丁加盐腌10分钟。

② 锅里加水煮开，倒入大米，续煮50分钟至黏稠。倒入鸡肉丁拌匀，加入蔬菜丁煮7～8分钟即可。

❤ 果仁黑芝麻糊 ❤

难易程度：☆☆☆；重点营养：钙；🍲：煮

材料：熟黑芝麻50克，熟花生仁、熟核桃仁各30克，松仁20克，冰糖、牛奶各适量。

做法：

① 将黑芝麻、花生仁、核桃仁、松仁、冰糖放在一起拌匀，倒入粉碎机中搅碎，倒出。

② 锅置火上，倒入牛奶，放入粉碎后的各种果仁，大火煮沸后转小火慢炖20分钟，至浓稠即可。

莲藕麦片粥

难易程度：☆☆；重点营养：维生素C；🍲：煮

材料：莲藕片50克，燕麦片、大米各100克，胡萝卜丝、猪里脊肉丝各25克。

调料：盐适量。

做法：

① 锅内加入适量清水煮沸，放入大米，大火煮开。

② 加入燕麦片、莲藕片，煮开后，转小火煮至粥稠，加入胡萝卜丝、猪肉丝煮熟，最后加盐调味即可。

米粉汤

难易程度：☆☆；重点营养：淀粉；🍲：煮

材料：新鲜米粉（粗）200克，洋葱丁、芹菜丁各适量，虾皮、葱花各少许。

调料：猪油、盐各少许，高汤1000毫升。

做法：

将米粉洗净；热锅内入猪油，将洋葱丁及虾皮入锅爆香，并以小火拌炒至金黄色捞起。取汤锅，倒入高汤大火煮沸，加入米粉及盐，转小火煮约20分钟，放入芹菜丁、洋葱丁、葱花、虾皮即可。

双馅馄饨汤

难易程度：☆☆☆；重点营养：纤维素；🍲：煮

材料：馄饨皮200克，菠菜、胡萝卜各150克，香菜叶少许。

调料：盐、橄榄油各适量。

做法：

① 菠菜洗净烫熟后切碎，加橄榄油、盐拌成馅；胡萝卜洗净切块蒸熟后压成泥，加橄榄油、盐拌成馅。

② 取馄饨皮，一半包菠菜馅；一半包胡萝卜馅；锅里加水煮沸，放进馄饨煮熟，放入香菜叶、盐调味即可。

♥沙拉拌豇豆♥

难易程度：☆☆；重点营养：蛋白质；🍳：拌

材料：豇豆200克，鸡蛋白丁2个，青苹果块（半个切块），小西红柿适量，熟土豆丁1个。

调料：沙拉酱适量，橙汁3大匙，盐少许。

做法：

① 豇豆汆熟后冲凉，浸于冰水中约3分钟，沥干。

② 将所有材料装盘，加沙拉酱、橙汁、盐拌匀即可。

♥胡萝卜西红柿饭卷♥

难易程度：☆☆☆；重点营养：纤维素；🍳：炒

材料：鸡蛋（摊成薄皮）1个，软米饭1小碗，胡萝卜粒、洋葱粒、西红柿粒各适量。

调料：盐适量。

做法：

① 油锅烧热，下入洋葱粒、胡萝卜粒炒至熟软，然后加入软米饭和西红柿粒拌匀，即成馅料。

② 将馅料平摊在蛋皮上，卷成卷儿，切段即可。

♥三鲜豆花♥

难易程度：☆☆；重点营养：蛋白质；🍳：煮

材料：嫩豆腐1小块，虾仁3只，鱼肉、鸡肉、香菇末、鸡蛋清各适量。

做法：

① 将虾仁、鱼肉、鸡肉一起剁碎，并加入适量鸡蛋清搅拌均匀。

② 锅内水煮开后放入做好的肉泥和香菇末煮沸，并将嫩豆腐倒入锅中即可。

♥ 鸡蛋奶酪三明治 ♥

难易程度：☆☆；重点营养：蛋白质；🍳：烤

材料：原味面包2片，鸡蛋1个，奶酪、西红柿各1片，熟火腿片适量。

调料：原味沙拉酱适量。

做法：

① 面包片切去四边，放入平底锅，以小火烤至单面焦黄；起油锅烧热，磕入鸡蛋，煎成荷包蛋。

② 面包片上抹少许沙拉酱，依次放上熟火腿片、西红柿片、奶酪片、荷包蛋，再盖上一片面包即成。

♥ 营养糯米粥 ♥

难易程度：☆☆；重点营养：钙；🍳：煮

材料：大米15克，糯米10克，豌豆末、栗子丁、香菇、胡萝卜各适量。

调料：高汤1/4杯。

做法：

① 香菇剁碎；胡萝卜去皮，汆烫后切丝；将大米和糯米入锅，加水、豌豆末和栗子丁煮成饭。

② 将香菇末、胡萝卜丝煸炒后加高汤，再将饭倒入高汤里煮熟即可。

♥ 鸡肉香菇豆腐脑 ♥

难易程度：☆☆；重点营养：蛋白质；🍳：煮

材料：鸡肉20克，香菇1朵，豆腐脑50克，熟蛋黄半个。

调料：清高汤适量。

做法：

① 将熟蛋黄捣成末；香菇切末；鸡肉剁碎末。

② 锅内加清高汤煮沸，放入鸡肉碎末和香菇末，大火煮沸后转小火，倒入豆腐脑和蛋黄末，略煮即可。

❤ 鱼肉蔬菜馄饨 ❤

难易程度：☆☆☆；重点营养：蛋白质；🍳：煮

材料：黄鱼肉末、韭黄末、胡萝卜末、荸荠末各100克，馄饨皮适量。

调料：姜末、高汤各适量，香油、盐各少许。

做法：

① 各种蔬菜末装入同一碗中，加适量香油、姜末、盐拌匀做成馅料。

② 将馄饨皮包好馅料，放入高汤中煮熟即可。

❤ 圆白菜鸡肉沙拉 ❤

难易程度：☆☆；重点营养：钙；🍳：煮

材料：圆白菜叶1小片，鸡胸肉50克。

调料：酸奶、牛奶各100毫升。

做法：

① 将水煮开，下入圆白菜叶汆烫一下，切成小块；除去鸡胸肉上的筋，煮熟后撕碎，均放入碗中。

② 将酸奶和牛奶倒入另一个碗里搅拌均匀，浇在圆白菜叶和鸡胸肉上即可。

❤ 干贝猪肉馄饨 ❤

难易程度：☆☆☆；重点营养：蛋白质；🍳：煮

材料：馄饨皮300克，猪肉500克，干贝50克。

调料：姜末、葱末、盐、黄酒各适量。

做法：

① 干贝洗净，泡发后切末；猪肉洗净，切末。

② 猪肉末中加入盐、姜末、葱末、黄酒、干贝末拌匀成馅料。

③ 取馄饨皮和馅料包成馄饨，入沸水中煮熟即可。

♥ 鱼子蛋皮烧卖 ♥

难易程度：☆☆☆；重点营养：钙；🍳：蒸

材料：鸡蛋4个，虾仁100克，胡萝卜1根，鱼子适量。

调料：盐、鱼露、水淀粉各适量。

做法：

① 鸡蛋打散，加盐调味，煎成蛋皮；虾仁剁蓉，加盐、鱼露、水淀粉拌匀成馅料。

② 将蛋皮铺平，放入虾蓉，捏成烧卖；胡萝卜切片，垫在蒸笼内，放入烧卖坯，撒鱼子，上笼蒸熟即可。

♥ 骨香汤面 ♥

难易程度：☆☆☆；重点营养：钙；🍳：煮

材料：猪骨或牛脊骨200克，龙须面、青菜各适量。

调料：盐、米醋各适量。

做法：

① 将骨砸碎，放入冷水中用中火熬煮，煮沸后加入少许米醋，继续煮30分钟，去骨留汤；青菜洗净切碎。

② 骨头汤煮沸，下入龙须面，汤沸后加入青菜煮至面熟，加少许盐调味即可。

♥ 牛奶麦片粥 ♥

难易程度：☆☆☆；重点营养：钙；🍳：煮

材料：燕麦片100克，牛奶30毫升。

调料：白糖、黄油各适量。

做法：

① 将燕麦片放入锅内，加适量水，泡30分钟左右。

② 用大火煮开，稍煮片刻后，放入牛奶、白糖、黄油。

③ 煮20分钟至麦片酥烂、稀稠适度即可。

胡萝卜瘦肉粥

难易程度：☆☆；重点营养：胡萝卜素；🍳：煮

材料：胡萝卜200克，瘦肉100克，大米80克。

调料：姜、葱、香油、盐各适量。

做法：

① 胡萝卜切丁；瘦肉、姜、葱切末，备用。

② 大米加水煮开，放入姜末、瘦肉末、胡萝卜丁。

③ 再次煮沸后，用小火熬10分钟左右，加一点香油。

④ 粥熬至熟烂后，加入盐、葱末即可。

海带鸡肉饭

难易程度：☆☆；重点营养：碘；🍳：煮

材料：海带丝50克，柴鱼片10克，鸡肉块200克，鸡蛋（打散）1个，米饭1碗。

调料：酱油、鸡精各适量。

做法：

① 锅中加水煮开，放入海带丝，用小火煮出味道；将海带丝捞出，加入柴鱼片煮沸，然后滤取清汤。

② 在清汤中加入酱油、鸡精，煮开后加入鸡肉块；煮熟后倒入鸡蛋液，略干后关火，然后将鸡肉块放在米饭上，淋少许汤汁即成。

芦笋山药豆浆

难易程度：☆☆☆；重点营养：异黄酮；🍳：煮

材料：黄豆50克，芦笋、山药各25克。

做法：

① 将芦笋洗净，切成小段，略微汆烫后捞出沥干；黄豆加适量清水泡至发软，捞出洗净；山药去皮，切丁，汆烫后捞出沥干，备用。

② 将泡好的黄豆、芦笋段、山药丁一同放入全自动豆浆机中，加入适量水煮成豆浆，晾凉后即可饮用。

♥ 火腿面包 ♥

难易程度：☆☆☆；重点营养：淀粉；🍳：烤

材料：高筋面粉、全麦粉各200克，白芝麻少许，火腿片、生菜各适量。

调料：干酵母3克，盐少许。

做法：

① 将高筋面粉、全麦粉、盐和干酵母混合，加入适量水搅拌后制成面团。

② 待面团醒发至原来的两倍大后，将其压扁排气，分割成大小均匀的面块；将面块沿四角拉伸成面片，卷成长条形，待其醒发膨大1倍后，撒上白芝麻，放入烤箱中；260℃烘烤10分钟，即成面包。

③ 从面包中间切开，夹入火腿片、生菜即可。

♥ 双叶鸡蛋卷饼 ♥

难易程度：☆☆☆；重点营养：蛋白质；🍳：摊

材料：中筋面粉40克，火腿条30克，鸡蛋2个，薄荷叶末、葱末各适量。

调料：盐少许。

做法：

① 取一半中筋面粉，加入1个鸡蛋，少许葱末、盐及适量水搅拌成均匀无颗粒的面糊；剩余面粉中加入1个鸡蛋、薄荷叶末、盐及适量水，也搅拌成均匀面糊。

② 起油锅，分别倒入两种面糊，摊成两个金黄色的圆饼，再分别切成长条形。

③ 将一张葱面饼和一张薄荷面饼叠放在一起，将火腿切成适当长度，放在短边的一端，然后卷成卷，插上牙签固定即可。

❤ 抹茶馒头 ❤

难易程度：☆☆☆；重点营养：淀粉；🍳：蒸

材料：中筋面粉550克，全脂奶粉15克，牛奶700克，白糖适量，抹茶粉1大匙。

调料：橄榄油、白糖各适量，酵母、盐各少许。

做法：

① 取400克中筋面粉，加入抹茶粉、酵母及240毫升水，揉成光滑不粘手的面团，醒发1.5~2个小时；将发酵好的面团与余下的中筋面粉、全脂奶粉、牛奶、白糖、橄榄油和盐混合，继续揉7~10分钟。

② 将面团擀成面皮，卷成筒状，收口朝下，切成大小合适的馒头生坯；生坯醒发20分钟后放入蒸锅，中火蒸25分钟左右，关火静置3分钟即可。

❤ 蒸饺 ❤

难易程度：☆☆☆；重点营养：淀粉；🍳：蒸

材料：烫面面团700克，猪肉馅600克。

调料：酱油、香油各1大匙，盐、香菇精各2小匙，胡椒粉半小匙。

做法：

① 猪肉馅加入所有调料抓拌均匀，并摔打出筋性做成馅料，放入冰箱中冷藏备用。

② 将烫面面团揉匀，搓成长条后分切成每个约10克的小面团，分别滚圆后擀开成中间厚、周围薄的圆形面皮备用。

③ 在面皮中央放入适量猪肉馅，以食指与拇指将面皮拉捏出花纹并捏合，再放入蒸笼中盖上盖，用大火蒸约10分钟即可。

豆浆渣馒头

难易程度：☆☆☆；重点营养：淀粉；🍳：蒸

材料：中筋面粉300克，黑豆红枣玉米豆浆渣120克。

调料：酵母少许。

做法：

① 将黑豆红枣玉米豆浆渣晾凉至室温（30℃左右）。

② 将酵母倒入面粉中，再将黑豆红枣玉米豆浆渣分次倒入中筋面粉中，加入适量温水揉成均匀的面团，盖湿布静置醒发。

③ 将发好的面团搓成条，切成剂子，分别揉圆，做成馒头生坯，醒发20分钟。

④ 将馒头生坯放入蒸锅，用中火蒸25分钟左右，关火静置3分钟即可。

蛋肉米丸

难易程度：☆☆☆；重点营养：蛋白质；🍳：蒸

材料：猪肉馅50克，鸡蛋1个（取蛋液），糯米25克。

调料：水淀粉、香油、盐、葱末、姜末各少许。

做法：

① 猪肉馅加入鸡蛋液、水淀粉、香油、盐、葱末、姜末及适量水，用力搅拌，待有黏性时搓成大小相等的丸子。

② 将丸子逐个粘一层糯米，放入盘内，上笼用大火蒸25分钟即可。

黄瓜腌萝卜寿司

难易程度：☆☆；重点营养：纤维素；👨‍🍳：卷

材料：米饭200克，紫菜（烤）1张，黄瓜、黄萝卜各50克，黑芝麻（熟）10克。

做法：

① 黄瓜、黄萝卜洗净，切成段，再切丝。

② 把紫菜切成两半，平放在竹帘上，铺上适量米饭；再放上黄萝卜丝、黄瓜丝，撒上黑芝麻，然后将竹帘卷成三角形，并用手指适当按压成型即可。

什锦蒸饭

难易程度：☆☆☆；重点营养：钙；👨‍🍳：蒸

材料：大米200克，燕麦50克，鲜香菇4朵，猪肉丝40克，豌豆、高汤各适量。

做法：

① 将大米和燕麦分别洗净，在清水中浸泡30分钟，沥干；鲜香菇洗净后切小丁。

② 锅内倒入高汤，加入大米、燕麦、鲜香菇丁、猪肉丝与豌豆，拌匀后蒸熟，再焖8分钟左右即可。

冬笋鹌鹑蛋

难易程度：☆☆☆；重点营养：胶质；👨‍🍳：煨

材料：冬笋片50克，水发香菇5朵，鹌鹑蛋适量，葱花、姜片、蒜各少许。

调料：鸡油、盐、白糖、水淀粉各适量。

做法：

① 冬笋片汆烫；香菇切块汆烫；鹌鹑蛋煮熟去壳。

② 锅加油烧热，放入所有材料，加入鸡油、盐、白糖、水，用小火煨10分钟，下水淀粉勾芡即可。

♥蒜泥菠菜♥

难易程度：☆☆☆；重点营养：铁；🍳：炒

材料：菠菜200克，银耳10克，蒜末50克。

调料：葱末、姜末各适量，盐少许。

做法：

① 菠菜洗净，入沸水中汆烫后捞出，切成段；银耳泡发，切小丁。

② 锅置火上，加油烧热，加入银耳丁、葱末、姜末、蒜末、菠菜段拌炒均匀，加盐调味即可。

♥凉拌三片♥

难易程度：☆☆；重点营养：纤维素；🍳：拌

材料：黄瓜、胡萝卜、西红柿各100克。

调料：盐、醋、香油各少许。

做法：

① 黄瓜、胡萝卜均洗净，切成菱形片；西红柿洗净，用开水汆烫一下，去皮，切片。

② 将黄瓜片、胡萝卜片、西红柿片一起放入碗中，调入盐、醋、香油拌匀即可。

♥韭菜拌核桃仁♥

难易程度：☆；重点营养：铁；🍳：拌

材料：韭菜段50克，核桃仁300克。

调料：盐、鸡精、香油各少许。

做法：

① 核桃仁先用清水浸泡，剥去外皮；韭菜段入沸水中汆烫，沥干。

② 核桃仁装入盘中，加入韭菜段、盐、鸡精、香油拌匀即可。

清炒三丝

难易程度：☆☆☆；重点营养：；🧑‍🍳：炒

材料：土豆1个，胡萝卜1/2根，芹菜1小颗。

调料：盐、醋、葱、姜、花椒油各适量。

做法：

① 将土豆、胡萝卜和芹菜洗净后切成丝，汆烫至变色捞出，晾凉；葱、姜切末备用。

② 锅中加底油，烧热后用葱、姜炝锅，下汆烫好的三丝用大火翻炒，烹醋、加盐、淋花椒油即可。

黄豆芽炒韭菜

难易程度：☆☆☆；重点营养：纤维素；🧑‍🍳：炒

材料：黄豆芽150克，韭菜100克，虾米50克。

调料：蒜末、姜丝、沙茶酱、盐各适量。

做法：

① 黄豆芽洗净；韭菜洗净，切段；虾米泡发好。

② 油锅烧热，将蒜末、姜丝爆香后加黄豆芽和韭菜大火快炒，再放虾米拌炒，最后加沙茶酱和盐调味，炒至汤汁收干即可。

肉末茄子

难易程度：☆☆☆；重点营养：维生素P；🧑‍🍳：炒

材料：嫩茄子400克，肉末50克，葱丝、姜末、蒜末各适量。

调料：白糖、醋各适量，盐少许。

做法：

① 将茄子洗净，切成块，入开水锅烫泡约半小时，捞出沥水；蒜末、姜末、白糖、醋，拌匀成汁。

② 起油锅，炒香肉末、葱丝至变色，再放入调味汁和茄片，轻轻拌炒均匀即可。

♥ 鱼肉意大利面 ♥

难易程度：☆☆☆；重点营养：淀粉；🍳：炒

材料：意大利面150克，鱼肉100克，香菇丝75克，洋葱丝30克，姜片适量。

调料：酱油、奶油、盐各少许。

做法：

① 鱼肉洗净，加姜片、酱油腌渍5分钟，放入烤箱中烤熟，取出切丝；意大利面用沸水煮开，沥干。

② 锅内倒奶油烧热，爆香洋葱丝、香菇丝，加入鱼肉丝炒熟后，撒盐调味；再倒在意大利面上即可。

♥ 肉丝炒饼 ♥

难易程度：☆☆；重点营养：蛋白质；🍳：炒

材料：猪里脊肉丝100克，烙饼丝300克，姜片、葱段各适量。

调料：盐、老抽、醋各适量，胡椒粉少许。

做法：

① 猪肉丝用老抽、胡椒粉拌匀，腌渍20分钟。

② 油锅烧热，放入姜片、葱段爆香，倒入猪肉丝、烙饼丝，调入盐，倒少许开水炒匀后加醋调味即可。

♥ 荤素炒饭 ♥

难易程度：☆☆☆；重点营养：淀粉；🍳：炒

材料：猪肉30克，熟米饭1小碗，黄瓜丁、土豆丁、香菇丁各适量，干淀粉、高汤、葱花、盐各少许。

做法：

① 猪肉切丁，加盐、干淀粉上浆。油锅烧热，加猪肉丁煸炒几下后倒入高汤，中火焖烧至肉酥烂。

② 加入土豆丁、香菇丁烧至土豆酥烂，再加入黄瓜丁、葱花、熟米饭及少许盐，一起煸炒至熟即可。

枸杞炒山药

难易程度：☆☆；重点营养：淀粉；🍴：炒

材料：山药200克，枸杞子少许。

调料：白糖、水淀粉各适量，盐少许。

做法：

① 山药去皮，洗净，切条，放水中浸泡；枸杞子洗净。

② 锅置火上，加适量油，烧热，放入山药滑炒几下。

③ 接着放入枸杞子翻炒，炒熟后调入白糖、盐，用水淀粉勾芡即可。

青椒五花肉

难易程度：☆☆☆；重点营养：蛋白质；🍴：炒

材料：五花肉1小块，青椒4~5个。

调料：香油、盐各少许。

做法：

① 五花肉切片；青椒去籽，切片。

② 锅内放几滴油，把五花肉片倒入锅内，用小火慢慢煎出油脂，边煎边撒少许盐。

③ 待五花肉片煎至两面金黄、肉身变硬时放入青椒片翻炒入味，淋香油即可。

姜汁柠檬炒牡蛎

难易程度：☆☆☆；重点营养：精氨酸；🍴：炒

材料：牡蛎6个，葱花、姜末各适量，薄荷叶少许。

调料：料酒、柠檬汁、盐、胡椒粉各适量。

做法：

① 将牡蛎放入盐水中吐尽泥沙，打开，取出牡蛎肉洗净，用料酒腌制5分钟。

② 锅倒油烧热，放入葱花、姜末小火炒香，放入腌好的牡蛎肉，烹入料酒、柠檬汁、盐、胡椒粉炒熟，盛出装盘后点缀上薄荷叶即可。

❤ 海带丝炒肉 ❤

难易程度：☆☆；重点营养：碘；🍳：炒

材料：猪肉丝、水发海带丝各200克，水淀粉、葱花、姜末各适量。

调料：酱油、盐、水淀粉各适量。

做法：

① 海带丝，入蒸锅中蒸15分钟至软烂后，取出。

② 起油锅，下入猪肉丝用大火煸炒2分钟，加入海带丝，倒入清水，漫过海带，加入葱花、姜末、酱油、盐，以大火炒2分钟，用水淀粉勾芡出锅即可。

❤ 牛奶鲑鱼炖饭 ❤

难易程度：☆☆☆；重点营养：核酸；🍳：煮

材料：大米300克，鲑鱼肉100克，西蓝花50克，洋葱、牛奶、高汤各适量。

做法：

① 鲑鱼肉切丁；西蓝花撕成小朵；洋葱切末。

② 锅内倒油烧热，下入洋葱末爆香，放入鲑鱼肉丁稍微拌炒，加入大米、牛奶和高汤，用中小火炖煮至熟软，再加入西蓝花朵续煮至汤汁收干即可。

❤ 煸炒彩蔬 ❤

难易程度：☆☆；重点营养：纤维素；🍳：炒

材料：香菇丝、黑木耳丝、青椒丝、红椒丝、冬笋丝各10克，绿豆芽适量。

调料：盐、水淀粉各适量。

做法：

① 油锅烧热，放入青椒丝、红椒丝、冬笋丝、黑木耳丝、绿豆芽煸炒。

② 加盐，用水淀粉勾芡，放入香菇丝略炒即可。

❤ 腰果玉米 ❤

难易程度：☆☆；重点营养：不饱和脂肪酸；👨‍🍳：炒

材料：腰果50克，西芹、玉米各80克。

调料：盐、鸡精各半大匙。

做法：

① 西芹择洗干净，切成小段，入沸水汆烫，捞出过凉水；玉米粒入沸水中汆烫。

② 锅倒油烧热，放入腰果用小火慢慢炒熟，再放入玉米粒和西芹段，加入盐、鸡精，快速翻炒均匀即可。

❤ 韭菜炒鸡蛋 ❤

难易程度：☆☆；重点营养：维生素C；👨‍🍳：炒

材料：韭菜150克，鸡蛋2个。

调料：盐少许。

做法：

① 韭菜洗净后切成小段；鸡蛋磕入碗中，打散。

② 锅置火上，倒入适量油烧热，倒入鸡蛋液炒熟。

③ 加入韭菜段快速煸炒，同时调入少许盐翻炒均匀即可。

❤ 黑木耳香肠炒苦瓜 ❤

难易程度：☆☆☆；重点营养：维生素C；👨‍🍳：炒

材料：苦瓜100克，广东香肠、黑木耳各30克。

调料：盐、鸡精、水淀粉各适量，蒜末、白糖、香油各少许。

做法：

① 黑木耳泡发切块；苦瓜去籽洗净切条；香肠切片。

② 苦瓜条入清水锅煮开，煮去苦味后捞出冲凉。

③ 油锅烧热，放入蒜粒、香肠爆炒，加入苦瓜条、黑木耳条翻炒均匀，调入盐、鸡精、白糖炒透入味，再用水淀粉勾芡，淋入香油即可。

盐水虾

难易程度：☆☆☆；重点营养：钙；👨‍🍳：炒

材料：草虾300克，姜末、姜片、葱末、葱段各适量。

调料：料酒、盐各少许。

做法：

① 草虾去虾须、虾线，入水略浸泡，捞出洗净。

② 锅置火上，倒水煮开，放入料酒、盐、葱段、姜片和草虾，大火煮约1分钟，熄火后静置约1分钟，捞起，去掉葱段；起油锅，爆香葱末、姜末，加入煮好的草虾，大火快速炒匀，加盐调味即可。

腐竹烩三丝

难易程度：☆☆☆；重点营养：卵磷脂；👨‍🍳：炒

材料：水发腐竹200克，香菇块、胡萝卜丝、芹菜梗各50克，姜丝适量。

调料：香油、盐、胡椒粉各适量。

做法：

① 水发腐竹切丝；将腐竹、香菇、芹菜、胡萝卜入锅烫熟，过凉后加入盐、胡椒粉拌匀。

② 锅内注入香油烧热，下入姜丝煸出香味，倒入拌好的腐竹丝和蔬菜丝，炒匀即可。

金针菇炒肉丝

难易程度：☆☆☆；重点营养：蛋白质；👨‍🍳：炒

材料：鸡胸肉300克，鲜金针菇200克，冬笋丝50克，青椒丝、红椒丝、葱丝、姜丝各适量。

调料：鸡精、料酒、盐、水淀粉各适量。

做法：

金针菇去根，洗净；鸡胸肉洗净切成丝；起油锅，煸香葱丝、姜丝，下鸡胸肉丝煸熟。加冬笋丝、料酒、鸡精、适量清水，煮沸后加金针菇、青椒丝、红椒丝和盐爆炒几下，下水淀粉收汁即可。

♥ 蟹肉苦瓜 ♥

难易程度：☆☆；重点营养：维生素C；👨‍🍳：炒

材料：苦瓜200克，蟹肉棒4根。

调料：盐、白糖各少许。

做法：

① 将苦瓜洗净，切薄片，放凉水中浸泡半小时；蟹肉棒洗净，斜切成片状。

② 锅加油烧热，下苦瓜片、蟹肉片和少许盐煸炒熟，加入白糖炒匀即可。

♥ 清炒五片 ♥

难易程度：☆☆；重点营养：磷；👨‍🍳：炒

材料：荸荠片200克，土豆片、胡萝卜片、蘑菇片各100克，黑木耳10克。

调料：盐适量。

做法：

① 黑木耳用温水泡发，撕小片。

② 油锅烧热，先炒胡萝卜片，再加荸荠片、土豆片、蘑菇片、黑木耳炒熟后，加适量盐调味即可。

♥ 香菇煎肉饼 ♥

难易程度：☆☆☆；重点营养：蛋白质；👨‍🍳：煎

材料：猪肉末300克，香菇4朵。

调料：生抽、白糖、香油、盐、胡椒粉各少许。

做法：

① 香菇去蒂洗净，切末，与猪肉末混合均匀，加入生抽、白糖、香油、盐、胡椒粉拌匀。

② 将肉馅分成4份，每份都搓圆，然后压成饼状。

③ 油锅烧热，下入肉饼，煎至两面金黄色即可。

♥ 芙蓉蛋卷 ♥

难易程度：☆☆☆ | 重点营养：蛋白质 | 🍳：蒸

材料：鸡蛋2个，虾仁12只，胡萝卜50克。

调料：盐、料酒、白胡椒粉各适量。

做法：

① 鸡蛋磕入碗中，打散，入热油锅中煎成蛋皮；胡萝卜洗净，切末；虾仁洗净剁成泥，加入胡萝卜末、盐、白胡椒粉、料酒拌匀成馅料。

② 把蛋皮平铺，将馅料均匀地铺在蛋饼上，卷起即成蛋卷；蛋卷放入蒸锅中隔水蒸熟，切成块即可。

♥ 可乐鸡翅 ♥

难易程度：☆☆☆ | 重点营养：蛋白质 | 🍳：炒

材料：鸡翅500 克，可乐300 毫升。

调料：酱油、葱花、姜丝各适量。

做法：

① 将鸡翅清理干净，表面划几刀。

② 油锅烧热，爆香葱花、姜丝，加鸡翅翻炒片刻。

③ 倒入可乐和酱油，以没过鸡翅为宜，大火煮熟后转小火慢炖，待鸡翅煮烂、汤汁黏稠即可。

♥ 玉笋炒鸡条 ♥

难易程度：☆☆☆ | 重点营养：蛋白质 | 🍳：炒

材料：嫩竹笋80 克，鸡胸肉50 克，红椒条、葱段各适量。

调料：盐、水淀粉各适量。

做法：

① 鸡胸肉切条，加盐、水淀粉腌渍片刻；嫩竹笋洗净，切段。

② 锅加油烧热，倒入所有材料炒熟，下盐调味，放水淀粉勾芡即可。

苹果炒鸡肉

难易程度：☆☆；重点营养：蛋白质；👨‍🍳：炒

材料：鸡胸肉200克，苹果片100克，葱段少许。

调料：酱油、白醋、白糖各适量，盐、料酒各少许。

做法：

① 鸡胸肉切成片状，加入少许盐及料酒略腌。

② 油锅烧热，加入鸡胸肉片炒至颜色变白，盛起。

③ 锅留底油，放入苹果片略炒后，加葱段、酱油、白醋、白糖拌炒，再加鸡胸肉片炒匀即可。

鸡胸肉拌南瓜

难易程度：☆☆☆；重点营养：蛋白质；👨‍🍳：蒸

材料：鸡胸肉20克，南瓜15克。

调料：盐、酸奶酪、番茄酱各适量。

做法：

① 鸡胸肉入沸水中加盐煮熟，捞出后撕成细丝。

② 南瓜去皮、籽，切丁，入热锅中隔水蒸熟。

③ 鸡胸肉丝和南瓜丁放入碗中，加入酸奶酪、番茄酱拌匀即可。

荸荠虾饼

难易程度：☆☆☆；重点营养：磷；👨‍🍳：蒸

材料：鸡蛋1个，鲜虾仁、荸荠丁各30克，瘦肉馅50克，香菜叶1片，姜末、葱末各适量。

调料：料酒、干淀粉、香油、鸡精、酱油、盐各少许。

做法：

① 瘦肉馅中放入姜末、葱末、料酒、香油、鸡精搅拌，加入酱油腌渍30分钟；磕入鸡蛋，加盐、荸荠丁、干淀粉拌匀；再将肉馅压成饼状。

② 蒸盘抹上香油，放入肉馅饼，放上虾仁，蒸熟即可。

西红柿面包鸡蛋汤

难易程度：☆☆☆；重点营养：番茄红素；🍲：煮

材料：西红柿1/2个，面包粒适量，鸡蛋（取蛋液）1个，高汤100克。

做法：

① 西红柿洗净，用开水烫一下，去皮，切碎。

② 锅置火上，倒入高汤，放入西红柿煮沸，将面包粒加入锅中；3分钟后，将蛋液倒入锅中，搅出漂亮的鸡蛋花；接着再煮1分钟，至面包软烂即可。

蛋黄豆腐羹

难易程度：☆☆☆；重点营养：蛋白质；🍲：蒸

材料：豆腐50克，熟蛋黄1个，青菜叶2片。

调料：盐少许。

做法：

① 蛋黄碾碎；青菜叶氽烫软，切碎；豆腐洗净，碾碎。

② 将碎青菜叶、豆腐一起拌匀，加盐调味，倒入碗内摊平。

③ 将蛋黄泥盖在上面，上蒸锅蒸熟即可。

西红柿洋葱鱼

难易程度：☆☆☆；重点营养：蛋白质；🍲：煮

材料：净鱼肉150克，西红柿少许，洋葱、土豆各30克。

调料：盐、肉汤、面粉、植物油各适量。

做法：

① 西红柿、洋葱、土豆切碎；鱼肉切小块，裹上面粉。

② 锅置火上，放入适量植物油烧热，放入鱼块煎好。

③ 将煎好的鱼和西红柿、洋葱、土豆放入锅内，加入肉汤一起煮熟，调入少许盐即可。

椰汁南瓜蓉

难易程度：☆☆☆；重点营养：果胶；🍳：炒

材料：南瓜300克，鸡肉75克，椰汁半杯。

调料：白糖、盐、干淀粉、水淀粉、香油各适量。

做法：

① 鸡肉切小粒，加盐、干淀粉、香油腌渍10分钟。

② 南瓜去皮，洗净，切碎，蒸20分钟至黏。

③ 油锅烧热，加鸡肉粒翻炒数下，放入南瓜、盐、白糖及椰汁煮沸，压碎南瓜，用水淀粉勾芡即可。

玉米排骨汤

难易程度：☆☆☆；重点营养：钙；🍳：煮

材料：猪排骨块300克，玉米段半个，白菜叶50克，葱段、姜片各适量。

调料：盐、老抽各适量。

做法：

① 白菜叶洗净撕块；玉米段切块；排骨块氽水洗净。

② 起油锅，爆香葱段、姜片，放入排骨块、玉米段翻炒片刻，加适量清水、老抽，小火煮20分钟，放入白菜煮沸，加盐调味即可。

西红柿煮鱼丸

难易程度：☆☆；重点营养：蛋白质；🍳：煮

材料：净鱼肉50克，牛奶15毫升，面粉15克，小西红柿3个，土豆泥25克，甜椒碎、洋葱碎各少许。

调料：盐少许，淀粉、西红柿汁各适量。

做法：

① 鱼肉捣碎，加面粉、土豆泥、牛奶拌匀，做成小丸子，再撒上淀粉；小西红柿洗净。

② 把小鱼丸、小西红柿、甜椒碎、洋葱碎与西红柿汁放入锅中，加清水，以中火煮熟后调盐入味即可。

♥豆腐蛋汤♥

难易程度：☆☆；重点营养：蛋白质；🍳：煮

材料：豆腐200克，西红柿、鸡蛋各1个。

调料：香油、盐各适量。

做法：

① 豆腐冲洗干净，切成菱形小片，放入沸水中氽烫一下；西红柿洗净，也用沸水氽烫一下，去皮，切小片；鸡蛋磕入碗中，打散。

② 锅置火上，倒入适量水，加入豆腐片、西红柿片及适量盐煮沸。

③ 将鸡蛋液倒入汤中，淋上香油即可。

贴心小叮咛

豆腐蛋汤，补钙强身。

♥牛奶豆腐♥

难易程度：☆☆；重点营养：钙；🍳：煮

材料：豆腐100克，青菜末少许，牛奶50毫升，肉汤小半碗。

做法：

① 将豆腐放入沸水锅中氽烫一下，捞起，过滤掉水。

② 将过滤过的豆腐捣碎放入锅内，加入牛奶和肉汤拌匀，上火煮一会儿。

③ 煮好后撒上青菜末稍煮即成。

贴心小叮咛

豆腐和牛奶都含有丰富的蛋白质以及宝宝成长所必需的多种维生素和矿物质，两者混合熬制极富营养。

嫩菱炒鸡丁

难易程度：☆☆☆；重点营养：蛋白质；👨‍🍳：炒

材料：鸡胸肉200克，嫩菱角150克，甜红椒2个，鸡蛋1个（取蛋清），姜末适量。

调料：盐、水淀粉、干淀粉各适量。

做法：

① 嫩菱角去壳，洗净切丁，入沸水锅中氽烫一下。

② 甜红椒洗净，去蒂及籽后切丁。

③ 鸡胸肉洗净，切丁，加入盐、鸡蛋清和干淀粉抓匀。

④ 起油锅，倒入鸡胸肉丁滑散，加入姜末炒一下；再加入甜红椒丁煸炒片刻；加入菱角丁翻炒，同时加入少许盐调味，用水淀粉勾芡，翻炒片刻即可。

丝瓜炒鸡肉

难易程度：☆☆☆；重点营养：维生素C；👨‍🍳：炒

材料：丝瓜50克，鸡肉35克，姜丝适量。

调料：盐少许。

做法：

① 鸡肉洗净，切块；丝瓜洗净，削皮，切小丁。

② 油锅烧热，放入姜丝爆香。

③ 放入鸡肉块和丝瓜丁拌炒均匀，加水焖2～3分钟，将丝瓜丁碾碎后加盐调味即可。

贴心小叮咛

丝瓜所含各类营养在瓜类食物中较高，其中的皂苷类物质、丝瓜苦味质、黏液质、木胶等特殊物质具有抗病毒、抗过敏等特殊作用。

什锦猪肉菜末

难易程度: ☆☆; 重点营养: 蛋白质; 🍳: 煮

材料: 猪肉20克, 胡萝卜末、西红柿丁各8克。

调料: 肉汤100克, 盐少许。

做法:

① 猪肉洗净, 切末。

② 锅中加肉汤, 放入猪肉末、胡萝卜末煮软, 加西红柿丁略煮, 加盐调味即可。

香菇炒三片

难易程度: ☆☆☆; 重点营养: 胡萝卜素; 🍳: 炒

材料: 山药、圆白菜、胡萝卜各100克, 香菇5朵。

调料: 盐、鸡精各适量。

做法:

① 将山药、圆白菜、胡萝卜、香菇均洗净, 切片。

② 锅置火上, 倒入适量油烧热, 先炒香菇片, 再放入山药片、圆白菜片、胡萝卜片炒熟后, 调入盐和鸡精即可。

香椿芽拌豆腐

难易程度: ☆☆; 重点营养: 香椿素; 🍳: 拌

材料: 嫩香椿芽250克, 豆腐1盒。

调料: 盐、香油各少许。

做法:

① 香椿芽洗净, 氽烫5分钟, 捞出水, 沥干切细末。

② 豆腐烫熟后切小块盛盘, 加入香椿芽末, 调入盐、香油, 拌匀即可。

香葱油面

难易程度：☆☆；重点营养：淀粉；👨‍🍳：拌

材料：面条160克，葱段、葱花各适量。

调料：酱油适量，白糖、盐各少许。

做法：

① 面条入沸水煮熟，捞出过冷水，沥干。

② 油锅烧热，放入葱段以中火炸香，取葱油备用。

③ 向锅内加入酱油、白糖及适量清水，放入面条拌匀，再淋适量葱油，撒上炸过的葱段及葱花即可。

蔬菜小·杂炒

难易程度：☆☆☆；重点营养：B族维生素；👨‍🍳：炒

材料：蘑菇片、土豆片、山药片、胡萝卜片、黑木耳片各20克。

调料：高汤、盐各少许。

做法：

① 油锅烧热，放入土豆片、山药片和胡萝卜片煸炒片刻后，倒入适量的高汤煮沸。

② 放入蘑菇片、黑木耳片和少许盐烧至酥烂即可。

虾皮紫菜蛋汤

难易程度：☆☆；重点营养：蛋白质；👨‍🍳：煮

材料：鸡蛋1个，虾皮、紫菜各20克。

调料：香菜、葱花、姜末、香油、盐各适量。

做法：

① 鸡蛋敲破后打散，虾皮洗净，紫菜撕成小块，香菜洗净后切小段。

② 起油锅，放入姜末炝锅，入虾皮略炒；加适量水煮沸，淋入鸡蛋液，接着放入紫菜块、香菜段，调入香油、盐，撒入葱花即可。

白菜拌肉末

难易程度：☆☆☆；重点营养：铁；🍲：煮

材料：牛肉末80克，小白菜叶适量。

调料：番茄酱、高汤各适量，水淀粉少许。

做法：

① 小白菜叶洗净，煮后捞出，撕小片盛盘；牛肉末淋少许热水泡开。

② 将高汤、番茄酱与牛肉末一同放入锅里煮熟，加水淀粉勾芡，淋在小白菜叶上即可。

核桃仁拌豆腐

难易程度：☆☆；重点营养：亚油酸；🍲：汆

材料：核桃仁20克，豆腐块100克。

调料：盐少许。

做法：

① 将核桃仁磨成小颗粒状。

② 锅置火上，加水、盐煮开，放入豆腐块汆烫至熟。

③ 将汆熟的豆腐块放入盘中，撒上核桃仁粒即可。

鸡汁小油菜

难易程度：☆☆；重点营养：纤维素；🍲：炒

材料：小油菜500克。

调料：新鲜鸡汁适量，油、盐、白糖、水淀粉各少许。

做法：

① 小油菜洗净切条，汆烫断生，捞出沥干。

② 锅烧热，加入适量油，倒入小油菜翻炒变软，倒入鸡汁略煮。

③ 加盐、白糖调味，加水淀粉勾芡略炒即可。

♥ 墨鱼蒸饺 ♥

难易程度：☆☆；重点营养：蛋白质；🍳：蒸

材料：饺子皮300克，墨鱼肉500克。

调料：鸡精、白糖、盐、麻油各适量。

做法：

① 墨鱼肉洗净，剁碎，加入所有调料后拌匀成馅。

② 饺子皮光滑面朝上，放入适量馅料，捏紧后即成饺子生坯。

③ 饺子生坯上蒸笼，入煮沸的蒸锅内，用大火蒸8分钟至熟，取出装盘即可。

♥ 胡萝卜蛋黄羹 ♥

难易程度：☆☆；重点营养：胡萝卜素；🍳：蒸

材料：蛋黄1个，胡萝卜丁、菠菜叶各适量。

做法：

① 蛋黄打散，加入适量水，调稀。

② 放入蒸笼，用中火蒸5分钟。

③ 将胡萝卜丁和菠菜叶煮软，磨成碎末，放在蛋黄羹上即可。

♥ 面包渣煎鱼 ♥

难易程度：☆☆；重点营养：镁；🍳：煎

材料：净银鳕鱼块200克，鸡蛋1个。

调料：面包渣、面粉、盐各适量。

做法：

① 银鳕鱼块洗净，用餐纸蘸干；鸡蛋打散后放盐拌匀；面包渣、面粉撒在盘子底。

② 平底锅放油烧热，将鱼块双面依次蘸上面粉、鸡蛋液、面包渣，放入锅内，两面各煎3分钟至熟即可。

♥ 油菜蒸饺 ♥

难易程度：☆☆ ¦ 重点营养：淀粉 ¦ 🍴：蒸

材料：饺子皮600克，香菇丁、软粉丝段、鸡蛋碎、油菜（取汁）、虾皮各适量。

调料：酱油、香油各适量，盐、白胡椒粉各少许。

做法：

① 除饺子皮外的材料和调料混合，调成馅料。

② 饺子皮内放入适量馅料，捏紧，做成饺子生坯。

③ 将饺子生坯入蒸笼，大火蒸8分钟至熟即可。

♥ 鸡蛋菠菜汤圆 ♥

难易程度：☆☆☆ ¦ 重点营养：蛋白质 ¦ 🍴：蒸

材料：糯米粉200克，鸡蛋末适量，菠菜末200克，胡萝卜片适量。

调料：盐、白糖、味精、胡椒粉、香油各少许。

做法：

① 将鸡蛋末、菠菜末混合在一起，加入调料拌匀成馅。

② 糯米粉加水揉成团，取1/10蒸熟后与剩下的揉搓成条，切成剂子；剂子捏成窝状，放入馅料捏紧，搓圆成生坯；将生坯移入蒸锅中，大火蒸5分钟即成。

♥ 黄豆玉米发糕 ♥

难易程度：☆☆☆ ¦ 重点营养：纤维素 ¦ 🍴：蒸

材料：玉米面粉150克，低筋面粉200克，黄豆面粉30克。

调料：白糖60克，酵母少许。

做法：

① 将玉米面粉、低筋面粉、黄豆面粉放入容器中搅匀，加入酵母、白糖和适量温水，搅匀成面糊。

② 将面糊放入容器，醒发1小时；醒好的面糊放入蒸锅，盖上盖用大火蒸20分钟，取出切块装盘即可。

咖喱炸饺

难易程度：☆☆☆；重点营养：姜黄素；🍳：炸

材料：中筋面粉、猪五花肉末各250克，洋葱末150克，葱末、姜末各适量。

调料：咖喱粉15克，料酒、盐、鸡精、植物油各适量。

做法：

① 面粉中加入咖喱粉、植物油和适量水调成面团；肉末加入洋葱末、葱末、姜末及其他调料拌成馅料。

② 面团制成饺子皮，再包入馅料，放入锅中炸熟即可。

冬瓜猪肉馄饨

难易程度：☆☆；重点营养：纤维素；🍳：煮

材料：馄饨皮、冬瓜、猪肉末各200克。

调料：葱末、芹菜叶各少许，盐、鸡精各适量。

做法：

① 冬瓜洗净后剁丁，加盐腌一下，沥干水分，再与猪肉末混合，加盐、鸡精及葱末拌成馅料。

② 取馄饨皮，放入适量馅料，捏成馄饨生坯。

③ 入沸水锅中煮熟后盛碗，点缀芹菜叶即可。

葡萄干糯米饼

难易程度：☆☆；重点营养：B族维生素；🍳：煎

材料：糯米粉240克，葡萄干50克，白糖80克。

做法：

① 糯米粉与白糖混合均匀，加200毫升清水和成米团；葡萄干洗净，放入和好的米团中揉匀。

② 把米团分成8等份，分别用手搓圆，压成圆饼。

③ 平底锅倒少许油烧热，放入糯米饼生坯，用小火煎至两面金黄色即可。

豆角火烧

难易程度：☆☆☆；重点营养：蛋白质；🍳：烙

材料：豆角、猪肉各200克，发酵面团300克。

调料：葱末适量，鸡精、十三香、盐各少许。

做法：

① 豆角、猪肉分别洗净、切末。

② 起油锅，炒香葱末，倒入豆角末、猪肉末炒至将熟，加入盐、鸡精、十三香调味，制成火烧馅。

③ 取发酵面团切成小剂子，分别擀成圆形薄饼，包入火烧馅，做成火烧生坯，上锅烙熟即可。

桂花南瓜糕

难易程度：☆☆；重点营养：钴；🍳：蒸

材料：南瓜块300克，吉利丁片10克。

调料：桂花酱适量。

做法：

① 南瓜块入锅蒸熟，捣成泥，加泡软的吉利丁片拌匀成南瓜糕，放入冰箱冷藏。

② 将凝固好的南瓜糕取出，用小刀在周围划一圈，倒入凉开水让其渗入，再将多余的水倒掉，将南瓜糕倒扣出来，切小块，淋上桂花酱即可。

金黄小·煎饼

难易程度：☆☆；重点营养：蛋白质；🍳：煎

材料：小米面200克，黄豆面40克。

调料：白糖60克，酵母3克。

做法：

① 将小米面、黄豆面放入容器中，加入白糖、酵母搅拌均匀，倒入240毫升清水，继续搅拌，直至面糊均匀无颗粒，醒发4小时，之后再次搅拌成均匀的糊状。

② 平底锅倒油烧至四成热，舀起适量面糊倒入平底锅内，摊成圆饼状，用小火煎至两面金黄色即可。

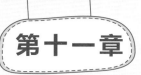

第十一章

营养食疗，
应对宝宝常见病

宝宝的身体功能发育不完全，免疫力也比较低，就更容易受到病症的侵袭。

宝宝生病了，爸爸妈妈最揪心。

除了带宝宝去医院就诊，及时补充营养，根据医嘱进行食疗，

有助于宝宝身体快速恢复，全面提高身体抵抗力。

宝宝缺铁性贫血

贫血分为多种，其中缺铁性贫血是宝宝的常见疾病，我国儿童缺铁性贫血的发生率较高。缺铁性贫血会严重影响宝宝的生长发育，所以妈妈爸爸们要注意。

症状表现

宝宝患上缺铁性贫血，最早的表现是厌食、体重停止增长或体重下降；还会出现表情呆滞、易激动、好哭闹、对周围事物不感兴趣等症状，失去宝宝应有的活泼天性；严重者还会出现反应迟钝，注意力、记忆力比健康宝宝差，智商降低等症状。

此外，患上缺铁性贫血，会使宝宝的免疫系统受到损害，导致宝宝容易生病且不易痊愈；此病还会引起宝宝体内组织缺氧，导致宝宝出现呼吸困难、脸色苍白、头晕等症状。

病因分析

缺铁性贫血常见于 6 个月至 3 岁的婴幼儿，根据世界卫生组织颁布的标准，当 6 个月到 5 岁的宝宝其每升血液中的血红蛋白含量低于 110 克时，即可诊断为缺铁性贫血。一般来说，缺铁性贫血多由饮食不当所致。宝宝刚出生时，体内有足够的铁，但随着宝宝的成长，其体内的铁含量越来越少，这时他们需要从饮食中获取铁。若是宝宝的饮食结构不合理，没有补充含铁丰富的食品，宝宝就容易患上缺铁性贫血。

除了饮食的原因，某些疾病也会引发缺铁性贫血，比如胃肠溃疡、肠息肉、慢性出血性疾病等。此外，有急性出血的外伤等也会引起缺铁性贫血。

护理治疗

宝宝患上缺铁性贫血，首先需要在医生的指导下进行药物治疗。铁剂是治疗缺铁性贫血的特效药，一般口服铁剂是最经济、方便和有效的方法。若是宝宝病情比较重、腹泻严重且不耐受口服铁剂，则需采用注射的方法治疗。在某些情况下，还可以考虑用输血的方式治疗此病。

在用药物治疗的同时，妈妈应在医生的指导下调节宝宝的日常饮食。首先要纠正宝宝偏食的习惯，其次要多给宝宝喂食富含蛋白质、铁和维生素 C 的食物，如蛋黄、动物肝脏、瘦肉、紫菜、海带、黑木耳、绿色蔬菜、芝麻、柑橘、樱桃等。

另外，妈妈一定要注意，过量食用鲜牛奶也会导致有些宝宝出现缺铁性贫血，所以要控制宝宝食用鲜牛奶的量。若宝宝已经患病，可考虑用奶粉等代替鲜牛奶给宝宝食用。

❤ 红枣蒸肝泥 ❤

难易程度：☆☆☆；重点营养：钙；🍳：蒸

材料：猪肝50克，红枣6颗，西红柿1/2个。

做法：

① 红枣用水浸泡1小时，剥去外皮及内核，剁碎；猪肝放入搅拌机中打碎。

② 西红柿在开水中烫一下，去皮，剁成泥。

③ 将红枣泥、西红柿泥、猪肝泥混合在一起，加适量水，上锅蒸熟即可。

❤ 猪肝瘦肉粥 ❤

难易程度：☆☆☆；重点营养：钙；🍳：煮

材料：猪肝粒、白菜碎末各30克，猪瘦肉片15克。

调料：米粥1碗，盐少许。

做法：

① 锅中加适量水以大火煮沸，放入猪瘦肉片煮熟。

② 再放入白菜碎末、猪肝粒煮至熟透。

③ 倒入米粥拌匀，加盐调味即可。

❤ 紫米红枣粥 ❤

难易程度：☆☆☆；重点营养：钙；🍳：煮

材料：紫米、红枣各适量。

调料：白糖1小匙，椰浆少许。

做法：

① 紫米洗净后放入锅中，加入适量水煮烂。

② 红枣倒入沸水中煮3分钟，去皮研泥。

③ 将煮烂的紫米与红枣拌好，加入白糖及椰浆搅拌均匀即可。

宝宝厌食

妈妈们有没有发现，有时候在自家宝宝身上会出现这种情况：看见食物不想吃，吃饭的时候望着饭发呆而不动筷子。出现这种情况会让妈妈们伤透脑筋。宝宝不爱吃饭，身体越来越消瘦，妈妈爸爸怎么劝诱都无济于事，这时就该考虑：宝宝是不是厌食了。

症状表现

这里指的宝宝厌食与临床上所说的厌食症不是同一个概念。这里宝宝厌食指的是孩子对食物缺乏兴趣，吃饭没有规律，造成营养摄入不当，从而影响宝宝的正常生长发育。

病因分析

导致宝宝厌食的原因有很多，主要有以下几种情况。

给宝宝喂食过多的零食、高营养补品，这样宝宝在吃饭时没有饥饿感，等到饥饿时又以点心充饥，形成恶性循环，造成肠胃受损，引发厌食。

宝宝出生后喂养食物单调，家长长期以奶制品及淀粉类饮食作为宝宝的食物，造成宝宝纤维素、维生素等营养摄入不足，大便干结，味觉呆钝，引发宝宝厌食。

如果不注意卫生，宝宝很容易感染寄生虫，若寄生虫在体内繁殖生长，也会损害宝宝的脾胃，最终让宝宝患上厌食症。

宝宝体内缺锌时，味觉变得不敏感，导致宝宝觉得吃饭没味道，就会引起厌食。

此外，家长为了让宝宝多吃饭，有时候会强迫宝宝，这样可能会使宝宝形成条件反射性拒食，最后发展成厌食症。

护理治疗

厌食严重的宝宝应去儿科排除相关疾病。如确认是由于喂养不当所致，则应找出具体原因，然后对症下药，若宝宝因缺锌而厌食，就应根据医生的指导，给宝宝补锌。此外，妈妈们还要注意以下事项。

首先，要给宝宝创造一个良好的就餐环境，尽量使宝宝能轻松愉快地进食，家长不要在宝宝面前谈论其饭量、饮食偏好等问题，也不要逗引宝宝做与吃饭无关的事情，玩具之类会吸引宝宝注意力的物品也要收起。

其次，给宝宝的食物要保证营养均衡、丰富多样、容易消化。蔬菜、水果等，每天要定量食用。零食、甜食、肥腻多油的食物也要少给宝宝喂食。

最后，平时应该定时、适量地给宝宝喂食，要注意不要让宝宝吃得过饱。

🍀 牛奶核桃糊 🍀

难易程度：☆☆☆；重点营养：钙；👨‍🍳：榨汁

材料：牛奶50克，核桃仁100克，草莓少许。

调料：儿童蜂蜜少许。

做法：

① 核桃仁去皮，洗净后沥干；草莓去蒂，洗净后沥干。

② 将牛奶、草莓、核桃仁及适量温开水一同放入搅拌机中搅匀，取出后用细筛过滤后用儿童蜂蜜调味即可。

🍀 花生薏苡仁汤 🍀

难易程度：☆☆☆；重点营养：钙；👨‍🍳：煮

材料：薏苡仁40克，花生仁25克（去皮），枸杞子5克，红枣4枚（去核）。

做法：

① 花生仁、薏苡仁浸泡8小时；枸杞子泡涨。

② 锅中加适量清水煮沸，加入花生仁及薏苡仁，以大火煮沸，改中火续煮30分钟。再加入红枣及枸杞子，小火煮30分钟即可。

🍀 木瓜炖银耳 🍀

难易程度：☆☆☆；重点营养：钙；👨‍🍳：蒸

材料：青木瓜100克，银耳30～40克。

调料：冰糖少许。

做法：

① 木瓜洗净，去籽，切块，置于碗内。

② 银耳泡发洗净，撕碎，放进木瓜碗内。

③ 将冰糖撒在银耳上面。

④ 放入锅中，用大火蒸熟即可。

宝宝肥胖

我们通常把超过按身高计算的平均标准体重 20% 的宝宝称为肥胖症患儿。研究发现，婴幼儿至儿童时期患有肥胖症有可能是成人肥胖症、高血压、冠心病及糖尿病等的先驱病。因此，妈妈们一定要对宝宝肥胖症产生足够的重视。

症状表现

宝宝患上肥胖症的表现有生长发育迅速，体重超过同年龄人；四肢肥胖，尤其是上肢和臀部脂肪较多；食欲旺盛且食量大，喜欢吃甜食、高脂肪食物，不喜欢吃清淡食物。在一些患有肥胖症的宝宝身上还会出现性发育早于同年龄宝宝的现象。

病因分析

宝宝患上肥胖症的原因主要有以下几种：

首先是遗传因素和病理因素。如果宝宝的直系亲属中有肥胖的人，宝宝患上肥胖的可能性就很大，这是遗传因素；宝宝甲状腺功能减退、肝炎痊愈后等都会引起肥胖，这种肥胖属于病理性肥胖。

其次是喂养不当。任由宝宝暴饮暴食，给宝宝喂食过多的油炸食品、含糖饮料、高脂肪食品，或者盲目地给宝宝食用各种补品，从而造成宝宝肥胖。

最后是某些宝宝的肠胃消化吸收能力较一般的宝宝强。这些宝宝的饮食摄入和作息习惯都正常，也没生病，但还是容易胖。

运动量太少，也容易导致宝宝变胖。

护理治疗

宝宝肥胖，首先要做的是搞清楚病因，然后对症治疗。若宝宝的肥胖是由疾病所导致的，应该及时就医，针对原发病进行治疗。若宝宝是单纯性肥胖，妈妈们就应该注意平时的喂养细节。

首先要注意的是保证宝宝日常饮食的均衡合理。给宝宝吃的食物种类要丰富，瘦肉、鱼、虾、禽、蛋等动物蛋白以及各种蔬菜、水果和奶制品等比例要合理；饮料、零食，尤其是糖果、油炸食品等高热量食物要少吃，特别是晚餐后不要再让宝宝吃零食；给宝宝吃的食物宜采用蒸、煮或凉拌的方式烹调；不要想当然地给宝宝吃补品，有需要应在医生指导下进行。

宝宝的日常运动也要重视，应适当增加宝宝的活动量。宝宝 1 周岁以前，每天坚持给宝宝做被动运动，如抚触、婴儿操等；宝宝能自己活动后，父母可通过游戏来引导宝宝主动运动，让宝宝养成定时锻炼的好习惯。

香蕉燕麦粥

难易程度：☆☆☆；重点营养：钙；🍳：煮

材料：香蕉30克，燕麦1~2大匙。

调料：清高汤5大匙。

做法：

① 香蕉切薄片，加入清高汤拌匀，放入微波炉内加热约1分钟。

② 香蕉出炉后再略微捣碎，加燕麦片搅拌均匀，入微波炉煮热即可。

丝瓜粥

难易程度：☆☆☆；重点营养：钙；🍳：煮

材料：丝瓜500克，大米100克，虾米15克，葱、姜各适量。

做法：

① 丝瓜洗净，去瓤，切块；大米淘洗干净。

② 锅置火上，加水煮开，倒入大米煮粥。

③ 粥快熟时，加入丝瓜块、虾米以及葱、姜，煮沸入味即可。

金枪鱼橙子沙拉

难易程度：☆☆☆；重点营养：钙；🍳：拌

材料：罐头金枪鱼25克，橙子1个。

调料：酸奶20克。

做法：

① 橙子去皮、籽，取果肉，切小块。

② 将果肉混入金枪鱼中，淋上酸奶后拌匀即可。

宝宝秋季腹泻

每当换季的时候，特别是秋末冬初，年龄较小的宝宝身体会出现一些小毛病，如感冒、腹泻、咳嗽等。

秋季腹泻是最常见的小儿病症，严重的情况下，有的宝宝一天能拉十几次大便，并有明显消瘦现象，这让妈妈们十分担心，所以预防宝宝秋季腹泻十分重要。

症状表现

宝宝腹泻的主要症状有：起病急，初始时常伴有感冒症状，如鼻塞、咳嗽等，有的还有发热和呕吐；排便急，无法控制，严重者可成喷射状排出；大便次数多，每日能达到十几次，大便呈黄色水样或蛋花汤样，带少许黏液或脓血，无腥臭味；严重时，会出现脱水症状，如易口渴、尿量减少、烦躁不安、精神倦怠等。

病因分析

宝宝秋季腹泻一般由轮状病毒、ECHO病毒、柯萨奇病毒引起，其中轮状病毒是祸首。传染源主要是腹泻患者及病毒携带者。

宝宝秋季腹泻一般为散发或小流行，经由粪便—口传播，也可通过气溶胶的形式经由呼吸道而感染。

得此病的患儿一般年龄段为6个月~3岁，因为这一年龄段的宝宝肠胃功能较弱，抵抗轮状病毒的抗体水平较低，免疫功能又不完善，因此容易感染此病毒。

而6个月以内的宝宝体内由于有来自母体和母乳中的抗体，往往不易患此病。

护理治疗

预防是最好的治疗，预防宝宝秋季腹泻，首先要注意防止"病从口入"，要让宝宝养成良好的卫生习惯，哺乳期的妈妈也要注意卫生，勤洗澡、勤换内衣；宝宝生活的环境、玩具和餐具要保持清洁，并时常消毒；让宝宝远离腹泻患者。

若宝宝已经患上秋季腹泻，妈妈们要带宝宝及时就医，不要轻易给宝宝服用抗生素，吃药要遵医嘱；给患病宝宝吃的食物应以流质或半流质为主，一定不要喂食生冷、油炸、辛辣刺激的食物；注意给宝宝补水，可在水中加入少量白糖和食盐，以预防宝宝脱水；做好宝宝的腹部保暖工作，可以用热水袋热敷宝宝的腹部；宝宝大便后要及时清洗宝宝臀部，更换尿布。

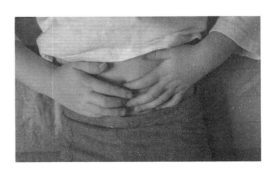

小米胡萝卜糊

难易程度：☆☆☆；重点营养：胡萝卜素；🍲：蒸

材料：小米50克，胡萝卜1根。

调料：配方奶200毫升。

做法：

① 将小米淘洗干净，放入小锅中熬成粥，取最上面的小米汤晾凉。

② 将胡萝卜去皮洗净，上锅蒸熟后捣成泥状。

③ 将小米汤和胡萝卜泥混合搅拌均匀成糊状即可。

藕汁生姜露

难易程度：☆☆☆；重点营养：钙；🍲：榨汁

材料：鲜嫩藕200克，生姜20～30克。

做法：

① 鲜嫩藕、生姜全部放入榨汁机榨成汁。

② 榨好的汁可用净纱布包好，放在瓷盆里用木块压或用手挤都可。

焦米汤

难易程度：☆☆☆；重点营养：钙；🍲：煮

材料：大米1小碗。

做法：

① 大米洗净后晾干，放入锅中干炒，用中火炒至焦黄，香味溢出为止。

② 大米炒好以后，不用起锅，直接倒入适量水煮半小时。

③ 过滤掉米粒，用米汤喂宝宝。

宝宝普通感冒

对于宝宝来说，普通感冒是常见病，也是多发病。宝宝易患的普通感冒有三种：暑热感冒、风寒感冒和风热感冒。宝宝患普通感冒时，妈妈要及时带宝宝去医院就诊，并配合医生积极治疗。当然，家长也有必要掌握一些分辨感冒类型的方法，这样护理患病宝宝的时候才会得心应手。

症状表现

暑热感冒：头痛、头胀，腹痛、腹泻，口淡无味，发热。

风寒感冒：鼻塞、头痛、打喷嚏、咳嗽、畏寒、低热无汗、肌肉酸痛，流清涕、吐稀薄白痰、咽喉红肿疼痛，易口渴、喜热饮，舌苔薄白。

风热感冒：发热，一般在 38 ~ 40℃，出汗多，口唇干红、咽干、咽痛、鼻塞、鼻涕黄，咳嗽声音重浊，痰少不易咳出，舌苔黄腻。

病因分析

家长的喂养方式不科学，造成宝宝营养不良或不均衡，导致宝宝体质较差，机体的抵抗力较弱，这是宝宝易患感冒的根本原因。

宝宝患感冒的另一个主要原因是受家长、尤其是妈妈的传染。婴幼儿的免疫功能不健全、抗病能力较差，又与家长尤其是妈妈零距离接触，若家长患了感冒，在给宝宝喂食、洗澡、换尿布，或哄宝宝睡觉时，很容易把感冒传染给宝宝。

此外，宝宝受凉或被风吹之后，很容易患上感冒。所以家长要注意不要让电扇或空调出风口直接对着宝宝吹。

护理治疗

宝宝患上暑热感冒，喂食时应以清淡食物为主，适当给宝宝饮用一些清凉去热的果汁，是不错的选择。秋冬季节是风寒感冒的多发期，家长要尽量通过调节饮食来为宝宝补充各种维生素，以提高宝宝的免疫力和抗病能力。患有风热感冒的宝宝一般会出现发热，容易口渴，也爱出汗，因此家长要及时为宝宝补充水分，以防宝宝脱水。

患病宝宝身心都不舒服，家长要尽量保持宝宝居室环境的舒适，如用加湿器增加房间的湿度，可帮助宝宝顺畅呼吸。此外，对于感冒的宝宝，休息好是治疗的关键，家长要尽量减少宝宝的活动时间，让宝宝多睡一会儿觉。

姜枣红糖水

难易程度：☆☆☆；重点营养：钙；🍲：煮

材料：生姜丝20克，红枣3颗，红糖少许。

做法：

① 红枣洗净，去核，撕成几片。

② 生姜丝和红枣片一起放入锅中，加适量清水煮沸10分钟，放入红糖再煮沸，捞出生姜丝和红枣片，晾温即可。

梅子鸡汤

难易程度：☆☆☆；重点营养：钙；🍲：焖

材料：鸡腿100克，黄瓜70克，梅子10克，姜片适量。

调料：梅汁适量。

做法：

① 黄瓜洗净，切成小块，梅子洗净。

② 鸡腿洗净，剁成小块，放入沸水中汆烫，捞出。

③ 电饭锅中放入鸡腿块、梅子、姜片并淋入梅汁，加适量水煮至开关跳起后继续焖30分钟左右。

④ 将黄瓜放入汤汁中再次煮至开关跳起即可。

蔬菜面

难易程度：☆☆☆；重点营养：钙；🍲：煮

材料：南瓜4块，白菜叶5片，菠菜叶2片，面条适量。

调料：高汤适量。

做法：

① 将南瓜去皮，切成小丁并煮软。

② 将白菜叶、菠菜叶分别汆烫至软并切碎。

③ 锅中加入面条和高汤煮沸，推入南瓜丁、白菜叶碎、菠菜叶碎，再次煮沸至面条熟即可。

宝宝咳嗽

咳嗽是宝宝最常见的呼吸道疾病症状之一。宝宝支气管黏膜比较娇嫩，抵抗病毒感染的能力较差，很容易发生炎症，引发咳嗽。咳嗽其实是一种自我保护现象，同时也预示着宝宝身体的某个部位出了问题，并提醒妈妈们要注意宝宝的身体了。

病因分析

宝宝咳嗽，可由多种疾病引起。宝宝患上普通感冒、流行性感冒、支气管炎、肺炎、急性喉炎、百日咳、哮喘、反流性食管炎等疾病，都会出现咳嗽的症状。

有些吸入物也会引起宝宝阵发性咳嗽，如尘螨、动物毛或皮屑、花粉、真菌，以及某些化学物质。

婴幼儿容易对某些食物产生过敏反应，导致咳嗽的症状出现。容易引起宝宝过敏的食物有虾、蟹、鱼类、蛋类、乳品等。

此外，气候因素、精神因素等也有可能导致宝宝出现咳嗽症状。

预防措施

咳嗽的发生多由呼吸道疾病引起，因此预防呼吸道疾病是预防宝宝咳嗽的关键。保持室内空气的清新干净十分重要，家里要经常开窗通风，当家中有人患有呼吸道疾病时，要尽量减少宝宝与其接触的机会。当空气污染严重时，最好不要让宝宝待在室外，在家中也最好开启净化空气的设备，以防止空气中的污染物对宝宝的肺部造成伤害，进而引发咳嗽。增强宝宝体质也很关键，宝宝多运动，可以强健体格，提高抗病能力。气候骤变时，要适时为宝宝增减衣物，以防过冷或过热引起宝宝身体不适而咳嗽。

护理治疗

宝宝咳嗽时，首先要做的是找出病因，若无法判断，应及时带宝宝去医院就诊。对症治疗的同时，还要对宝宝进行科学护理，才能保证宝宝痊愈。

当宝宝在冬天咳嗽时，保暖防风是很重要的，外出时要给宝宝戴上口罩，或用围巾包住宝宝的鼻子和嘴。因为冷空气会令咳嗽加剧，戴口罩或围巾是为了隔绝冷空气。

宝宝咳嗽的时候，调整室内空气湿度很有必要，适宜的湿度对宝宝的呼吸道黏膜有一定的保护作用。当室内太干燥时，妈妈应考虑用加湿器给室内加湿。

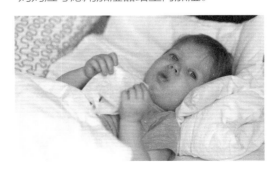

润肺双玉甜饮

难易程度：☆☆☆；重点营养：钙；🍳：煮

材料：银耳、百合各10克。

调料：冰糖适量。

做法：

① 银耳用清水泡软，去蒂洗净，切碎；百合洗净切碎。

② 将银耳与百合一起放入锅内，加水煮10～20分钟，加冰糖调味即可。

山药糊

难易程度：☆☆☆；重点营养：淀粉；🍳：煮

材料：山药250克。

做法：

① 山药去皮，洗净，切小块。

② 山药块放入食品粉碎机中，加半碗水加工成稀糊状。

③ 山药糊倒入锅中，以小火慢煮，同时不停地搅动，煮沸即可。一碗山药糊可以分2～3次喂宝宝。

秋梨奶羹

难易程度：☆☆；重点营养：B族维生素；🍳：煮

材料：秋梨1个，米粉10克。

调料：牛奶200毫升，白糖适量。

做法：

① 秋梨去皮、核并切小块，加少量水煮软，加入白糖调味。

② 在煮好的梨汁中兑入温热牛奶、米粉混合均匀即可。

宝宝湿疹

宝宝湿疹是比较常见的婴幼儿皮肤病，又称特应性皮炎、遗传过敏性皮炎，这是一种慢性、复发性皮肤病，一般于婴幼儿时发病，并可迁延至儿童和成人期。

宝宝出湿疹时，爸爸妈妈不必着急，除了病情较重的需要去医院治疗外，一般情况下只要在家精心护理，宝宝便可痊愈。

症状表现

湿疹最主要的症状是慢性反复性瘙痒，其特征是常在肘窝、腘窝等屈侧部位出现左右对称的慢性复发性皮炎。

湿疹初发时，患处皮肤会出现红斑，其上会出现丘疹、丘疱疹、水疱，水疱破裂后会有液体渗出，之后会结痂。严重时，患处会出现大片的红斑，上边也会出现丘疹、丘疱疹、水疱，表面会起厚痂，有时甚至能蔓延至整个头面部或颈部。

宝宝通常在出生后一两个月内发病，一般在 2 岁左右自动缓解。湿疹多发于每年 10 月至次年春夏季节。

病因分析

根据目前的研究表明，湿疹的发生主要与遗传因素、免疫因素、环境因素等有关，遗传因素占比最大。宝宝的妈妈和爸爸如果是过敏体质，宝宝就容易发生湿疹。

宝宝皮肤角质层比较薄，毛细血管网丰富，对各种刺激因素比较敏感，像是湿热、干燥、冷、日光、微生物、药物、粉尘、花粉等，都有可能刺激宝宝，使宝宝长湿疹；一些容易引起过敏的食物也会引发湿疹，比如鱼、虾、蛋等。另外，体质比较弱、免疫力低下的宝宝也容易起湿疹。

护理治疗

尽量找出导致宝宝湿疹的过敏原，并保证宝宝远离这些东西，以防加重宝宝湿疹的症状或诱发湿疹。

如宝宝对鱼虾过敏的话，就一定避免这些食物；宝宝对动物皮毛过敏，家中就尽量不要养猫、狗等；化纤、羊毛制品等比较容易刺激皮肤，就应使用纯棉制用品。

家中应该保持比较适宜的湿度和温度；室内要经常通风，保持空气的清洁；打扫卫生时不要扬尘；减少患病宝宝外出时间和次数，若必须外出，要确保不要让阳光直射宝宝的患处。宝宝患有湿疹时，也要注意清洁宝宝的皮肤；洗完澡后，要给宝宝涂抹婴幼儿专用的护肤乳液，以保持宝宝皮肤的湿润，防止瘙痒。

此外还要注意的是，宝宝患湿疹期间，不要乱给宝宝用药，疫苗前要先咨询医师，告知湿疹症状。

米仁荸荠汤

难易程度：☆☆☆；重点营养：磷；🍳：煮

材料：生米仁5克，荸荠10枚。

做法：

① 荸荠去皮洗净，切片。

② 起锅加水，将生米仁、荸荠片入锅煮成汤即可。

贴心小叮咛

荸荠的外皮容易附着细菌，熬汤前必须洗净、去皮。

荷花粥

难易程度：☆☆；重点营养：生物碱；🍳：煮

材料：初开荷花5朵，糯米100克。

调料：冰糖适量。

做法：

① 荷花、糯米均洗净，备用。

② 砂锅置火上，加适量水，放入糯米以大火煮沸后，转小火熬成粥。

③ 放入荷花、冰糖，煮沸后再煮2~3分钟即可。

绿豆百合汤

难易程度：☆☆；重点营养：纤维素；🍳：煮

材料：绿豆30克，百合15克。

调料：冰糖少许。

做法：

① 绿豆、百合均洗净，用清水浸泡1小时。

② 锅置火上，加适量水，放入绿豆、百合，以大火煮沸后，改用小火煮至豆熟。

③ 豆熟后，加少许冰糖连渣带汤一起喂给宝宝吃。

宝宝水痘

水痘是一种由水痘 — 带状疱疹病毒初次感染引起的急性传染病。水痘在学龄前宝宝身上较多见，常在托儿所、幼儿园等场所爆发，以群体性感染的形式出现。水痘为自限性疾病，病后可以获得终身免疫，但有时也会在患者痊愈多年后病毒再发而引起带状疱疹。

症状表现

水痘起病较急，初起表现为红色斑疹出现在头皮、脸部、臀部、腹部等部位，半天时间便可遍布全身。

皮疹会在数小时内逐渐变为米粒至豌豆大小的瘙痒、透明的水疱，周围有明显的红晕，且伴有发热的现象。

水疱会在 3 ~ 4 日后逐渐变干，形成黑色的疮痂。

严重的患者，其皮肤上的红色皮疹、水疱、疮痂会混杂在一起，经 1 ~ 2 周时间，所有的水疱均会变成疮痂。

病因分析

水痘是由病毒初次感染引起的急性传染病，感染病毒后，患者不会立即发病，而需经历一个时长约 2 周的潜伏期。水痘具有很强的传染性，通过患者打喷嚏、咳嗽时的飞沫或与患者接触传播。

护理治疗

宝宝出水痘，家长应遵医嘱在宝宝的患处涂抹药膏；要将宝宝的指甲剪短，以防宝宝抓破水疱；在宝宝痊愈之前，要隔离宝宝，以防将病传染给其他人。

宝宝出水痘时的饮食宜清淡些，最好以流食为主，此时不要给宝宝喂食温热、辛燥、油腻的食物，如姜、蒜、葱、韭菜、洋葱、荔枝、桂圆等。

在水疱变成疮痂之前，最好不要给宝宝洗澡。水疱破裂时很容易污染衣物被褥，这时要给宝宝勤换内衣、睡衣、床褥。

宝宝的衣物、各种用具要时时消毒，餐具可煮沸消毒 5 ~ 10 分钟，玩具、家具、地面可用肥皂水或碳酸氢钠水溶液（苏打水）擦洗消毒。

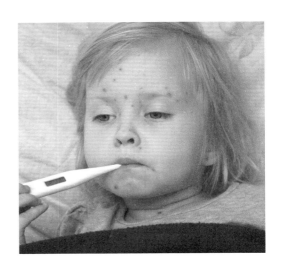

绿豆汤

难易程度：☆☆☆；重点营养：钙；🍲：煮

材料：绿豆300克，白糖适量。

做法：

① 绿豆洗净，以冷水浸泡约30分钟。

② 将绿豆放入锅中，先加适量水以中火煮约10分钟后，关火焖10分钟。

③ 再加入适量水，以中火煮约15分钟，加入白糖搅拌均匀即可。

西红柿蔬菜汁

难易程度：☆☆☆；重点营养：钙；🍲：榨汁

材料：西红柿2个，芹菜1根，胡萝卜20克。

调料：盐、白糖各适量。

做法：

① 西红柿去蒂洗净，切块；芹菜去老筋，切段；胡萝卜去皮，洗净，切小片。

② 将西红柿块、芹菜段及胡萝卜片放入榨汁机中搅打成汁，加入盐、温开水和白糖搅拌均匀即可。

薏苡仁红豆茯苓粥

难易程度：☆☆☆；重点营养：钙；🍲：煮

材料：薏苡仁20克，红豆、土茯苓各30克，大米100克。

调料：冰糖适量。

做法：

① 将薏苡仁、红豆、土茯苓、大米分别洗净后，放入锅内，加适量水煮成粥。

② 待粥熟豆烂时拌入适量冰糖，搅至冰糖溶化即可。

宝宝手足口病

手足口病的发生多见于 5 岁以内的幼儿，这是一种由肠道病毒感染而引发的传染病。研究发现，引发手足口病的肠道病毒有 20 多种（型），其中最常见的是柯萨奇病毒 A16 型及肠道病毒 71 型。手足口病一年四季均可发生，夏季最为多见。目前，治疗手足口病还缺乏对症的特效药，所以家长应做好预防此病的工作。

症状表现

得病初，宝宝会出现咳嗽、流涕、烦躁及哭闹症状，多数不发热或有低热。发病 1 ~ 3 天后，宝宝口腔内、口唇内侧、舌、软腭、硬腭、脸颊、手足心、肘、膝、臀部等部位出现小米粒或绿豆大小、周围发红、不痒、不痛、不结痂、不结疤的灰白色小疱疹或红色丘疹。当口腔中的疱疹破溃后即出现溃疡，致使宝宝常流口水，不能吃东西。

手足口病多数能在一周内痊愈，预后良好，且疱疹和皮疹消退后不留痕迹，无色素沉着。

病因分析

手足口病由肠道病毒引起，它具有流行面广、传染性强、传播途径复杂等特点。其病毒可以通过唾液飞沫或被携带病毒的苍蝇叮爬过的食物，经鼻腔、口腔传染给健康的宝宝，也可以直接接触传染。

护理治疗

宝宝得了手足口病，除了要及时就医治疗外，下面这些家庭护理治疗要点家长们也要知道：患病宝宝用过的物品要彻底清洗消毒，不宜用消毒液消毒的物品可放在阳光下暴晒消毒；居室空气要保持清洁通畅，可每天用醋酸熏蒸进行居室空气消毒；宝宝口腔内的疱疹破溃后非常疼痛，所以要加强口腔的护理，饭前、饭后可用生理盐水漱口，月龄小的宝宝，可以用棉棒蘸生理盐水轻轻地为其清洁口腔；注意患病宝宝皮肤的清洁，防止感染；衣服、被褥要经常更换，并清洗干净；必要时把宝宝的指甲剪短，以防抓破发痒的疱疹。

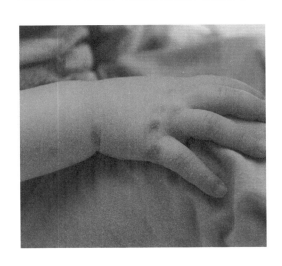

♥ 冬瓜双豆粥 ♥

难易程度：☆☆☆；重点营养：钙；🍲：煮

材料：新鲜带皮冬瓜100克，红小豆、绿豆各20克，大米1杯。

调料：冰糖适量。

做法：

① 冬瓜洗净，去皮、瓤，切小块。

② 大米、绿豆和红小豆分别洗净，放入砂锅中，加入适量的清水，用大火将水煮开，之后调至小火煮到红小豆、绿豆开花为止。

③ 放入冬瓜块，将火稍微调大，将粥再一次煮开，加入适量的冰糖调味即可。

♥ 玉米蔬菜汤 ♥

难易程度：☆☆☆；重点营养：钙；🍲：煮

材料：玉米、白萝卜各100克，胡萝卜、黑木耳各30克，油菜、姜片各适量。

调料：香油、盐各少许。

做法：

① 玉米洗净切段；白萝卜、胡萝卜分别洗净，切块；黑木耳去根洗净，撕小朵；油菜洗净。

② 锅加水煮沸，放入姜片、白萝卜块、胡萝卜块、玉米块、黑木耳片煮20分钟。

③ 再放入油菜和香油、盐煮入味即可。

宝宝便秘

如果宝宝2～3天不解大便，而身体的其他情况均良好，有可能是一般的便秘。但如果宝宝出现腹胀、腹痛、呕吐等症状，就不能认为是一般便秘，应及时将宝宝送医院检查治疗。

症状表现

宝宝便秘的表现为排便次数减少，2～3天不解大便；腹部胀满、疼痛，大便难以解出；大便量少，排出时有痛感；排出的粪便坚硬干燥，有时呈褐色圆球形状；食欲减退。

病因分析

婴幼儿便秘大致可以分成两种，即功能性便秘和先天性肠道畸形导致的便秘。前者通过调理便可痊愈，后者需经外科手术进行矫正。导致宝宝功能性便秘的因素主要有以下几种：宝宝长期饮食不佳或量少，会导致营养不良，腹肌和肠部肌肉力量不足，加上因食量少导致便量减少，于是宝宝很难解出大便，易导致顽固性便秘。

宝宝日常饮食中蛋白质含量过高而缺少糖类物质，会导致肠发酵减少，使得大便干燥且排便次数减少；食物过于精细，粗纤维摄入不足，也会导致宝宝便秘。

宝宝生活没有规律，没有养成按时排便的习惯，使排便的条件反射难以形成，这样也会导致便秘。

此外，遗传与生理缺陷、精神因素、运动不足等也是宝宝便秘的诱因。

护理治疗

防止或辅助治疗宝宝便秘，首先需要做的就是调整宝宝的饮食。当宝宝6个月之后，就可以吃一些由米面做成的辅食，如果宝宝有便秘现象，妈妈可以喂宝宝一些蔬菜泥、水果泥，这样可以帮助宝宝肠道蠕动。此外，喂养宝宝也要遵循"少食多餐"的原则。

其次要让宝宝养成良好的生活习惯。妈妈要注重培养宝宝早睡早起和按时排便的好习惯，这样坚持一段时间之后，宝宝的便秘便会有所改善或痊愈。

保证宝宝有足够的活动量也是非常重要的。妈妈不要整天抱着宝宝或者让宝宝躺在床上，而应该让宝宝多运动。对于还不能自己走路的宝宝，可以拉着他的手让他学着站立，或架着他蹦一蹦；对于年龄比较大的宝宝，可以让他多爬行或跑动，这样都有助于促进宝宝肠蠕动，利于排便。

最后，让宝宝多喝水、保持口腔卫生等对预防和缓解宝宝便秘也很重要。

牛奶甘薯泥

难易程度：☆☆；重点营养：纤维素；🍳：蒸

材料： 甘薯200克。

调料： 配方奶粉适量。

做法：

① 甘薯洗净，去皮切块，蒸熟，用匙子碾成泥。

② 配方奶粉冲调好，倒入甘薯泥中调匀即可。

贴心小叮咛

甘薯粗纤维多，容易引起腹胀，一次不能给宝宝吃太多哦。

苹果香蕉泥

难易程度：☆☆；重点营养：锌；🍳：蒸

材料： 苹果1/2个，香蕉1根。

做法：

① 苹果洗净，香蕉剥皮，分别刮成泥状。

② 将苹果泥和香蕉泥充分搅拌均匀。

③ 放入蒸锅中蒸3分钟即可。

贴心小叮咛

苹果富含锌，有助于提高记忆力。

蜜奶芝麻羹

难易程度：☆☆；重点营养：酶；🍳：煮

调料： 儿童蜂蜜20毫升，牛奶100毫升，黑芝麻粉10克。

做法：

① 将牛奶煮沸，稍凉后冲入儿童蜂蜜。

② 最后将黑芝麻粉放入调匀即可。

贴心小叮咛

蜂蜜是食物中含酶最多的一种，有助于人体消化吸收。

胡萝卜黄瓜汁

难易程度：☆☆☆；重点营养：钙；🍳：榨汁

材料：胡萝卜、黄瓜各1根。

调料：白糖少许。

做法：

① 胡萝卜、黄瓜均洗净，切段。

② 在榨汁机中加入适量矿泉水，然后加入胡萝卜段、黄瓜段榨汁，加少许白糖（或牛奶）调味即可。

贴心小叮咛

胡萝卜含有植物纤维，能增加宝宝胃肠蠕动，促进代谢。不过植物纤维吸水容易膨胀，容易引起肚子胀，所以也不要多吃。

鸡蛋玉米糊

难易程度：☆☆☆；重点营养：钙；🍳：煮

材料：鸡蛋1个（打散），玉米糊少许。

调料：鲜牛奶100毫升，儿童蜂蜜少许。

做法：

① 鲜牛奶倒入锅里，加入玉米糊搅匀。

② 将做法1中的材料用小火煮开，加入鸡蛋液，迅速搅拌均匀。

③ 再加入少许儿童蜂蜜，搅匀即可。

贴心小叮咛

玉米中所含的丰富的植物纤维素，能刺激胃肠蠕动，抑制脂肪吸收，加速粪便排泄的特性，防治宝宝便秘。

附录：婴幼儿辅食添加参考表

婴儿每日食品摄入量参考表

	0~1	1~2	2~3	3~4	4~5	5~6	6~7	7~8	8~9	10~12
母乳										
牛奶（毫升/千克体重）	100	110	110	110	110	115	120	90	90	80
鱼肝油（滴）	1	2	3	4	5	5	5	5	5	5
菜水（毫升）	30	60	60	60	90	90	90	120	120	120
乳儿糕或米粉（克）					15	30	30			
蛋黄（个）					1/4	1/2	1			
粥或烂面（克）							15	45	60	30
菜泥或碎菜叶（克）						15	20	25	30	50
蒸蛋（只）							1/2	1	1	1
鱼泥（克）								25	25	
饼干或面包片（片）							1	2	3	4
肉末或肝泥（克）									25	50
软饭（克）										30
水果（个）						1/2	1/2	1	1	1

幼儿每日食品摄入量参考表

食品名称	单位	1~2岁	2~3岁	3~6岁
蔬菜、鲜豆（绿叶菜占1/2）	克	50~100	100~200	200~250
豆制品（豆腐、豆腐干）	克	25	25~50	50
鱼、肉、猪肝类	克	50~75	75~100	100~125
蛋类	克	50	50	50
豆浆或牛奶	毫升	250~500	250	250
粮食	克	100~150	150~200	200~250
油	克	10~15	10~15	10~20
糖	克	10~15	10~15	10~15

◎ 0 ~ 3 个月：纯母乳喂养，按需哺乳；人工喂养的宝宝需注意补充鱼肝油（维生素 A、维生素 D）、B 族维生素、维生素 C 和铁、钙、磷等营养物质。

◎ 4 ~ 5 个月：应补充蛋黄、菜泥、鱼泥、米糊、奶糕、稀粥等，以补充热量，锻炼宝宝从流食过渡到半流质食物。

◎ 6 ~ 7 个月：喂饼干、鸡蛋、菜泥、鱼泥等。

◎ 8 ~ 10 个月：喂豆腐、稀饭、肝泥、瘦肉末（也可做成小丸子、小馄饨）、水果汁或碎菜叶等，以补充足够的热量、蛋白质等。

◎ 11 ~ 12 个月：喂些软饭、饼干、多种蔬菜，尽量让食物多样化，保证营养均衡。

◎ 1 岁后：应以饭食为主，如软饭、挂面、带馅食品、碎肉等，逐步断奶。